Kati Morton
[美] 卡蒂·莫顿 著
谭浩 译

阳光践行版

轻疗愈

找个心理医生聊聊也没关系

Are u ok?

A Guide to Caring for Your Mental Health

新世界出版社
NEW WORLD PRESS

北京版权保护中心引进书版权合同登记号：图字 01-2021-6789 号

图书在版编目（CIP）数据

轻疗愈：阳光践行版：找个心理医生聊聊也没关系 /（美）卡蒂·莫顿著；谭浩译．-- 北京：新世界出版社，2022.03
ISBN 978-7-5104-7403-3

Ⅰ．①轻… Ⅱ．①卡… ②谭… Ⅲ．①心理学－通俗读物 Ⅳ．① B84-49

中国版本图书馆 CIP 数据核字 (2021) 第 277595 号

轻疗愈（阳光践行版）：找个心理医生聊聊也没关系

作　　者：[美] 卡蒂 · 莫顿 (Kati Morton)
译　　者：谭　浩
策　　划：中资海派
执行策划：黄　河　桂　林
责任编辑：刘　颖
责任校对：宣　慧
责任印制：王宝根
出版发行：新世界出版社
社　　址：北京西城区百万庄大街 24 号（100037）
发 行 部：(010) 6899 5968　(010) 6899 8705（传真）
总 编 室：(010) 6899 5424　(010) 6832 6679（传真）
http：//www.nwp.cn　　http：//www.nwp.com.cn
版 权 部：+8610 6899 6306
版权部电子信箱：frank@nwp.com.cn
印　　刷：深圳市精彩印联合印务有限公司
经　　销：新华书店
开　　本：787mm × 1092mm　1/32
字　　数：163 千字　　印　张：8
版　　次：2022 年 3 月第 1 版　　2022 年 3 月第 1 次印刷
书　　号：ISBN 978-7-5104-7403-3
定　　价：49.80 元

权威推荐

陶思璇

应用心理学博士、帕曼生命教练高级督导

《轻疗愈（阳光践行版）：找个心理医生聊聊也没关系》是一本适合所有人阅读的心理健康指导手册，它能够帮助我们理解内心的需求，知道如何开启有关心理健康问题的对话沟通。在了解不同类型心理治疗的专业框架和伦理准则后，我们就能够找到适合自己的疗法和咨询师。读完这本书后，你会意识到“聊聊”只是一个开始，离开沉默的挣扎，我们的生活一定会发生新的变化。

约翰·格林（John Green）

《纽约时报》（*New York Times*）畅销书作家，高分电影《星运里的错》（*The Fault in Our Stars*）原著作者

这是一本充满仁爱与同情心的、非常有帮助的心理健康护理指南。它让我们知道什么时候应该去寻求帮助并借此改变生活。莫顿的书中有很多技巧可以帮助你应对心理健康挑战。

汉娜·哈特（Hannah Hart）

《纽约时报》畅销书《我的醉厨房》（*My Drunk Kitchen*）**作者**

卡蒂·莫顿有一种特别能力，可以处理令人困扰或难以启齿的话题，这帮助成千上万的人围绕心理健康展开必要的对话。

《图书馆杂志》（*Library Journal*）

对于那些想知道自己或身边的人是否会从心理治疗中受益的人来说，这是一本很好的指南。

《出版人周刊》（*Publishers Weekly*）

一本直观的手册，带领读者学会照顾自己的心理健康……书中提供了处理焦虑、抑郁和其他心理健康问题的实用工具，同时也提供了强有力的见解。

《Bustle》**杂志**

莫顿回答了我们许多人都困惑但问起来不一定舒服的问题。书中的信息可以让每个人都受益良多。

《能量时报》（*Energy Times*）

这是一本富有同情心且充满希望的心理健康指南。

作者声明

本书得到书中相关人物和患者的慷慨授权。书中许多案例源自我生活中的朋友和我个人的经历，所以极具隐私性。为了保护他们的隐私，我对所有人物的姓名和可以辨认出来的细节都进行了改动。这些案例将有助于进一步阐明心理健康对我们的影响。

写作本书是为了给你带来力量，希望你能获得需要的和应得的帮助，但这不能替代真正的心理健康治疗。如果你正在遭受心理健康问题的困扰，强烈建议你尽快寻求专业人士的帮助。

序　言

万物皆有裂痕，那是光照进来的地方

大家好！我是婚姻家庭治疗师卡蒂·莫顿（Kati Morton）。怀着为饱受心理疾病困扰的人们提供帮助的梦想，我于 2008 年开始了在心理健康领域的职业生涯。这一职业选择就这样发生了，恰好这时候人们进行心理治疗的方式也发生了巨大转变。有关心理健康的咨询不再只是面对面地进行，而是转移到了网上。

作为一名毕业于佩珀代因大学（Pepperdine University）的治疗师，我有着广阔的知识储备。但因为受到医师执业许可证和私人诊所的限制，我只能接触到本地社区的人群，这意味着我的经验与专业知识仅限于生活在大洛杉矶地区[1]的人们。这种局限性对我而言并没有意义。除了让某些特定地区的人们接触到心理健康知识之外，为什么不将我学到的东西与世界各地的人们共享呢？于是，我决定在 YouTube（优兔）上开设个人频道。

① 又称南部地区（Southland），指的是加利福尼亚州南部的一个横跨 5 个县的大型联合统计区，这 5 个县分别是洛杉矶县、橙县、圣贝纳迪诺县、里弗赛德县和文图拉县。——译者注

为了让人们更容易地获取信息，我在七年多的时间里一直在YouTube上更新有关心理健康知识的视频。迄今为止，为了帮助人们解决各种心理健康问题，我已经制作了1 000多个视频。我相信，通过这种公开谈论心理健康话题的方式，那些令人闻之色变的病耻感终将不复存在。

通过和观众的沟通，我越发清晰地意识到全球心理健康治疗体系目前正处于一种支离破碎的状态。据报道，英国的许多患者要等待一年才有机会接受治疗师提供的服务。而在美国，我们不得不拼命挣钱来支撑心理治疗的高昂费用。但这些问题并没有触及心理治疗困境的实质：由于媒体对心理疾病的负面报道，绝大多数人不敢向心理医生寻求帮助。我相信本人在这一领域的持续努力将会成为促成重大转变的关键，而也正是这一想法最终促使我完成了本书的写作。

现在，尽管我们在网上和现实生活中大量谈论着心理健康话题，但在侃侃而谈之前，我们有必要了解一些基本的心理健康知识。我每天都会听到人们谈论各种基本问题，比如患者在治疗过程中有哪些权利，如何找到一位优秀的治疗师，以及要找什么类型的治疗师，等等。很显然，这说明心理健康专业人士与求助者之间缺乏沟通和了解。为了确保患者能够接受正确的治疗，心理治疗师需要懂得如何提问，以及从哪里开始提问。这正是我写作本书的初衷。

希望《轻疗愈（阳光践行版）：找个心理医生聊聊也没关系》这本书能够照亮你的心理康复之路。我在书中会告诉你怎样判断自己是否需要进行心理治疗，还会与你分享各类求助方式。希望在你读完本书之后可以掌握所有必要的基础知识，使自己的生活发生积极的变化。截至目前，我的视频在 YouTube 上的观看量已经超过 2 700 万次。所以你看，不论你正在经历什么、焦虑什么，你都不是一个人在战斗。

闭口不谈并不会帮助我们消除耻辱感和恐惧感，只有更加公开、真诚地谈论心理健康话题才能让阳光永驻心头。我们要向大家证明，心理健康问题并不可怕，每个人都有内心煎熬的时刻。所以跟我一起来探讨心理健康问题吧，向人们宣告这没有什么好羞愧的，让人们知道心理疾病是可以治疗的。希望本身就是一种强大的力量，只要我们携手努力，就能让这样的探讨持续下去，就能让心理疾病带来的病耻感早日消失。

目 录 Contents

第 1 章

拨开心上的乌云

什么是心理健康？

你应该知道什么、做些什么？

今天感觉怎么样

我们每个人都需要心理健康，但心理健康一词往往被视为心理疾病的同义词，这绝非事实。心理健康是指我们的心理和情感上的表现。换句话说，即当我问“你今天感觉怎么样？”时，我不希望得到“我很好”这样模糊的答案，我需要你诚实地回答：你今天过得如何？你的工作和学业都能赶得上吧？你的人际关系处理得怎样？家庭生活呢？如果你把生活安排得井井有条，能够很好地承担责任，有时间维系有意义的人际关系，有能力处理好生活中出现的小困扰，那么我会认为你的心理健康状态是良好的。

反之，如果你感到越来越疲惫，对曾经喜爱的事物丧失兴趣，甚至因为一点点小烦恼而毁掉一整天，那你就需要好好关注自己的心理健康了。如果你无缘无故就会泪流满面，例如看到一则商业广告都会大哭不已、很容易因为小冲突而心烦不安、任何一点小问题都会造成沉重的情绪负担，而你根本没办法解决它。当你发现自己有这些感觉时，你就应该腾出时间来进行自我治疗了，或者打电话预约你的治疗师。

因为我们无法像观察自己的身体健康一样去留意心理健康，所以这就变成了一个很容易被忽视的问题。在求助专业人士之前，许多人已经在伤感、焦虑和身心疲惫的状态下煎熬了多年。我经常听到人们说，他们会把这类问题搁置在一边，不去管它，因为“事情并没有那么糟”或者“我还可以正常起床、上班,所以我没什么问题”。千万不要等到身体开始出现问题了才去寻求帮助。实际上，如果我们能在早期接受治疗，预后的情况会更好。

另外，当我们的心理健康长期受到损害或被忽视，从而对日常活动能力造成影响时，就表明我们患上了心理疾病。这使得我们无法像以前一样处理事务、享受生活和观察世界。心理疾病会表现出各种症状——抑郁、焦虑、饮食失调以及边缘型人格障碍。心理疾病对我们的损伤程度取决于病情的严重程度、得到的支持与帮助的力度，以及你寻求帮助是否及时。

患上心理疾病会让我们感到自己的大脑在对抗自己，它会让我们远离心爱之物，完成每一项日常工作都会变得异常困难。就像感冒或流感一样，这个时候其实是我们的大脑生病了，需要接受专业的护理。这就是我时常提醒人们要像对待生理疾病一样对待心理疾病的原因。你会让一位肺炎患者去上班吗？你会要求一位腿部骨折的患者像正常人一样度过受伤时的每一天吗？当然不会！那为什么我们对心理疾病的重视程度远不如生理疾病呢？

多年前，我的一位患者被流感症状折磨了数月——疼痛、疲劳、恶心，有时候还会呕吐。为了找出病因，她的丈夫带她去看了医生、专家，甚至还看了一位神经科医生。但所有人都没发现任何异常之处，血液检测和扫描影像也全部显示正常。这位患者很苦恼，她不知所措，失望透顶。她的丈夫甚至也开始怀疑她在说谎。于是，他们找到了我。

至今我还清楚地记得这位患者的丈夫问我的问题："卡蒂，这些感觉会不会是她凭空想象出来的？"为了回答好这个问题，也为了让他们感受到被尊重，我思考了许久。但其实我真的很想问他们："这又有什么关系呢？"如果她的问题是身心失调（心理疾病引起的生理症状）就能减轻她的症状吗？我们的大脑不就是负责管理身体，确保我们能够完成每天的任务吗？如果我们明白了这个道理，为什么不能像对待生理健康一样认真对待心理健康呢？

后来，我这样告诉他们："说实话，我认为找出病因并不重要，重要的是如何让她的心情好起来。"结果显示，强烈的焦虑感和反复出现的抑郁情绪正让她遭受心理疾病的折磨。当她开始服用抗抑郁药物，同时学习一些有用的行为疗法后，这些症状就消失了。但是，我完全看不出这位患者的病情与流感有什么区别。无论得了什么病，患者都会感到难受，都需要接受专业治疗才能康复，不是吗？

情感上摔了跟头，很难爬起来吗？

你或许认为心理疾病患者是人群中的少数或另类，然而真实情况是：世界上每五个人当中就有一人受着心理疾病的困扰。对我而言，这意味着心理疾病以某种方式影响过每一个人，要么是与我们有着亲密关系的身边之人在与心理疾病做斗争，要么我们自己就曾有过这样的经历。我甚至认为这个数据不具有绝对代表性，因为很多人正默默地承受着心理疾病带来的痛苦，却不敢寻求急需的帮助。

我们还应该知道的是，心理疾病不会跟随我们一辈子。只要接受适当的帮助，并严格遵照治疗团队（治疗师、精神科医生等）的要求，就能够缩短被心理疾病影响的时间。我把心理疾病的患病率与自己的链球菌咽喉炎患病率进行了对比。以前，每年冬天我至少会被这种疾病袭击三次，即便我在 23 岁时就切除了扁桃体，但直到现在，我仍会偶尔染上这种病。

现在，我找到了预防链球菌咽喉炎的办法，也知道了在患病信号出现时应该做些什么。第一件事是在每天早上喝一杯蜂蜜水，并摄入一些牛至油和维生素 C。如果我开始感觉到喉咙痛，我会给我的医生打电话，立即与其预约见面。他会马上帮我做检测，然后给我开一粒口服抗生素，如果病情比较严重，我还会服用一些类固醇药物。无论选择哪种方法，最多经过一个星期的治疗，病情就会好转。治疗心理疾病的过程也是一样的。

为了预防疾病，我们每天必须做各种事情，但如果病情开始恶化，则需要寻求专业人士的帮助。采取的预防性措施越多，继续寻求专业性治疗的可能性就越小。

焦虑是美国社会最常见的心理疾病，受其影响的成年人超过

4 000 万（约占美国总人口的 18%）。当我们处于恐怖、危险或陌生的环境时，往往会很自然地感到焦虑。就像“战斗或逃跑反应”[①]一样，焦虑可以保障我们的安全，并在出现异常情况时提示我们。只有当我们的焦虑程度变得不合理或者与实际情况不匹配时（例如我们会因为离家外出或结识陌生人而感到极度不安），焦虑才应该被视为是一种疾病。这种情绪会让我们寝食难安，无法集中注意力。焦虑的症状因人而异，甚至会表现为某些生理反应。我们来看看爱丽丝的案例：

> 最初的时候，我感到呼吸困难，异常紧张，之后是怒火中烧。我只想躺在床上大声哭喊。最近我总是异常暴躁，虽然我知道不应该对着别人大喊大叫。因此，我把这种情绪压抑在内心里。这些就是我焦虑的表现吗？

是的，这些都可能会成为焦虑的症状，但正因为这些症状与生理疾病的症状非常相似，焦虑症患者去看医生的可能性会比其他心理疾病患者高出 3~5 倍。我提到这一点只是希望你能接受以下观点：你的生理感觉或许正是来自心理因素，这并不是说所有症状都是你臆想出来的，因而无须被照顾、被理解；恰恰相反，无论焦虑从何而来，只要你感受到了焦虑，这就是事实，而找到焦虑情绪的来源有助于治疗师为你找到正确的护理方法。

---

① 心理学、生理学名词，为 1929 年美国心理学家怀特·坎农（Walter Cannon，1871—1945）所创建，他发现机体经一系列的神经和腺体反应将被引发应激，使躯体做好防御、挣扎或者逃跑的准备。——译者注

最后一点，请记住焦虑与紧张是两种不同的情绪。许多人对此理解有误，认为当我们因为正在经历的重要演讲或考试而紧张不已时，这种感觉就是焦虑。这种想法是完全错误的。紧张有触发因素，生活中的任何紧张情绪都不会无缘无故地产生，而焦虑则不然。在我接诊的焦虑症患者中，在他们的私人医生将他们转诊到我这里之前，许多人根本不知道自己所处的这种状态叫作焦虑。更常见的情况是，他们对焦虑情绪的触发因素一无所知。好像焦虑总是无缘无故地出现，并且无法摆脱，对他们造成了长期困扰。

相较于焦虑，虽然抑郁症的发病率要低一些（约 1 570 万美国成年人受其影响），但当我们在简要地谈论这个话题时，有一点需要注意，3% ~ 5% 的成年人在其一生中都会经历抑郁发作的时期。坦率地讲，我认为实际的数字可能更高。如果我们不去主动地寻求帮助，怎么会有人知道我们正在遭受抑郁的困扰呢？我们同样不能忽视的是，抑郁（以及其他心理疾病）具有“发作性”，也就是说它来得快也去得快。我们可能会在几周至数月的时间内经历多次抑郁发作，之后它又离我们远去，好像从来没有发生过一样。

我认为，这样的多次发作是因为人们没有主动去寻求帮助。在类似“我无法下床”的可怕感觉消失后，我们就以为自己已经痊愈，或者情况并没有那么严重，我们靠自己就能战胜它。但是，之后抑郁情绪卷土重来，我们就这样反复地经历着同样的周期性发作，可能多年来从没有想过要寻求帮助。

为什么抑郁症经常得不到诊断和治疗？对此我深感自责，也埋怨过我的同行们。我认为这是因为我们的导师将抑郁症患者表现出的、感觉到的一系列症状生硬地灌输给我们。但真实情况是，抑郁症的表现并不总是符合我们的预期。有时候，抑郁症的症状并不明显，隐藏得很深，并会随着时间发生改变。我曾经观察到的一些最常见的症状并没有出现在诊断标准中，例如：

◎感觉自己正行走在水中：所有事情都变得越发艰难，感到自己正在非常缓慢地移动。

◎反复阅读同样的内容。集中注意力变成一件非常困难的事情。

◎觉得身边的每个人都该死！

◎在脑海里反复重演人生中做过的所有错事。

我知道这些症状看起来似乎不太具有典型性，因为其他的许多疾病也有类似的症状。但必须注意的是，抑郁症的感受也千差万别。我们并不会总是感到悲伤或难以入睡，不同个体的抑郁表现可能存在很大差异。无论你感觉如何，只要你觉得不适，并发现自己对以前热衷的事物越来越不感兴趣，记得一定要去寻求帮助。

我最担心的是抑郁带来的精神不振。许多来我办公室或通过网络进行咨询的人告诉我，他们没办法振作精神来尽快解决问题，或者即使他们曾试着寻求帮助，但因为没有收到治疗师或医生的回电，他们也就放弃了。当洗澡、起床这样简单的事情都变成了一项艰巨的任务，那么立即预约治疗师、检查保险是否充足、按时去办公室上班以及正常表达内心感觉这些事情便也不可能做到了。

这就是抑郁症对人们造成长久困扰的原因：只要我们有力气起床，能够走到户外，我们就不会认为自己已经糟糕到了需要寻求帮助或治疗的地步。

当我们真的感觉非常糟糕并认为应该向他人寻求帮助时，我们的身体和心理已经无法支撑我们这么做了。这就是为什么我们不仅要尽一切努力来检查自己的心理状况，还需要一些能在我们无能为力之时为我们提供支持的朋友。比如，让朋友帮我们打电话约见治疗师，或者开车送我们去看医生，陪着我们候诊。要做到这一点，我们必须制订一个求援和作战的计划。

多年以前，我在一次妇女大会上听到了毕生中最励志的演讲。演讲中的许多内容都值得我们去学习，但最让我受益的是以下这个问题：

> 现实生活中，我们在摔了跟头后总会马上爬起来，但是，当我们在情感上摔了跟头时，萎靡不振的状态会持续几周，甚至几年，这是为什么呢？

我非常喜欢这个问题，因为这就是残酷而又真切的事实。如果在行走的过程中摔倒了，我会爬起来，四下打量一番（生怕有人看到我），然后拍拍衣服上的灰尘，继续行走。但是，如果我在情感上遭受了挫折，那件令人伤心欲绝的事就会不断地在脑海中重演，将我牢牢地禁锢在事件发生的地点。为什么我会这么做？这让我深感困惑，而且我仍在努力使自己能够更快速地处理伤痛和适应变化，让自己重新站起来，掸去灰尘，继续前行。

让我们来考虑一下这个问题。当你在人行道上摔倒后，你会一直躺在地上不起来，看着别人从身边走过吗？当然不会！那为什么当我们的情感“绊了一跤”后，你却没有采取任何行动呢？对于大多数人来说，与假装什么事情都没有发生相比，承认和面对事实更令人感到窘迫。

还有一些人甚至表示当时他们根本没有意识到自己摔倒了。无论原因是什么，我认为所有人都应该好好思考这个问题，尤其是在我们谈论心理疾病带来的病耻感，以及我们在形成病耻感的过程中所扮演的角色时。

病耻感：大半夜独自在空旷停车场暴饮暴食

我们每个人都在强化心理疾病带给人们的病耻感。我并不想指责或为难谁，但是我们每个人都在以自己的方式加深这种病耻感。或许是我们对心理疾病患者的固有看法，甚至是我们对自身经历的掩饰。举个例子来说，我们会（不自觉地）假定所有精神分裂症患者都无家可归、喜欢自言自语，或者假定每一个抑郁症患者都应该起床去洗个澡，因为这会让他们感觉好些。这样的例子数不胜数，但无论你承认与否，我们所有人都心存偏见，按照自己的信念和经验生活着。我们应该花些时间去思考我们已知的那些心理疾病，以及我们对这些疾病的看法和观念。只有真正认识到我们身上的偏见，才能拥有做出改变的能力。

实际上，我们对于心理疾病的某些假设或偏见也有其用处。遇到一位心理疾病患者时，这些假设或偏见可能会让我们表现得更加耐心，或者促使我们更清晰地表达自己的想法，从而避免误会。还有一些假定则是有害的，它们会让人变得孤立。

在我看来，要管理好我们的想法，首先需要进行自我教育。我们只有充分了解某个人对某种心理疾病的感受，才能去深刻地讨论心理疾病。其次，试着站在患者的角度去思考问题。这会对你个人以及你的生活造成什么影响？一旦患有这种疾病，你还能像以前一样生活吗？我觉得那些过早地对患者做出评价的人看到此处会不禁一笑。试想一下，心理状态决定了你能够做什么和不能做什么，这是一种强大的力量。在我们谈论以下两种心理疾病的过程中，请继续思考这个概念。

最后才讨论这两种心理疾病是因为，它们是目前为止最让人感到耻辱或不被理解的疾病，但两者的成因不同。先说饮食失调，因为这正是我的专业。饮食失调是生理健康和心理健康的一种有趣组合，我也一直坚信这两者有着密不可分的联系，无论你愿不愿意承认（我的座右铭是“只有心理健康，身体才会健康”）。当我们吃得太饱、忍饥挨饿、暴饮暴食、运动过量或者出现其他饮食障碍导致的行为时，我们都在因为心理疾病而损害生理健康。正因为身心状态与饮食失调密切相关，这种疾病的死亡率在所有心理疾病中是最高的。

认为饮食失调与食物有关是人们对这种疾病的最大误解。实际上，饮食失调与食物没有任何关系。它只关系到为什么我们认为有必要控制食物的摄入量，以及我们从这种做法中得到了什么。是因为如果我们一直吃到撑得难受，我们就可能不会去想别的事情了吗？还是因为我们觉得太难受、太悲伤，所以想要把这种感受外化出来？饮食失调的病因千奇百怪，每个患者都有其个人的具体原因。

还有一种错误观念，即认为饮食失调只会让人们的体重下降。我知道大部分媒体都是这样宣传的，这也是我们在许多电视剧或电影中看到的情节。但真实情况是，饮食失调的症状千奇百怪，病重程度也千差万别。我清楚地记得有一次我在路过一家沃尔格林药店[1]的停车场时，看到一辆小货车在前后晃动，我以为是小孩子在捣乱（也有可能是大人），但我看到的情景从此改变了我对饮食失调的看法。

那辆货车上的女人刚从一家卡乐星汽车餐厅[2]出来，正在快速地将所有食物摆放在汽车的仪表盘上。她在大块朵颐时的动作很大，这才让车身摇晃了起来。我们习惯于看见饮食失调患者瘦骨嶙峋的模样，眼前的这幅画面并不会让我们过于震惊，但她的情况也非常严重、非常危险，甚至她的病耻感更加强烈。一个女人大半夜独自在空旷的停车场上暴饮暴食，这背后一定有原因。许多暴食症患者

① 美国最大的连锁药店。——译者注
② 美国连锁汉堡餐厅。——译者注

都在悄悄地做着这样的事情，但他们从来不会主动寻求治疗，问问自己在已经很饱的情况下为什么还要继续进食。

当你将饮食失调患者内心的病耻感与社会对超重人士的态度结合起来思考时，就不难理解为什么他们不愿寻求帮助了。多年以来，我在许多饮食失调治疗中心工作过，但从来没有接诊过暴食症患者，并不是因为这些治疗中心不收治暴食症患者，而是保险公司不会为他们的治疗费买单。如果他们不是体重过轻的患者，保险公司就不会同意我们为其投保。除非患者愿意每月支付 35 000 美元甚至更高的保费，否则他们就无法参加保险计划。我们的社会对待“疾病”的方式使疾病本身更加严重，也加深了疾病给患者带来的病耻感。

我提及这些并不是要阻止患者寻求治疗，或者让大家为患者遭受的痛苦感到难过。我只想让人们了解现状，然后针对这个问题展开对话。我发现，只要我们针对那些令人困扰的事情展开讨论，将那些经常被忽略的问题摆上台面，我们就能带来改变。饮食失调（与所有疾病一样）在黑暗、耻辱和窘迫中滋长。让我们给他们带去阳光，给予他们理解（手指交叉为他们祝福），重燃他们的希望吧。

我想讨论的第二种心理疾病是边缘型人格障碍（BPD）。我认为这是一种最令人感到耻辱、最容易被人们误解的心理疾病。边缘型人格障碍是一种以害怕被抛弃、情绪失常和人际关系困难为主要特征的人格障碍。我听过的最适合用来描述边缘型人格障碍的一句话是：他们是情绪过激的受害者。这句话表达的意思是：边缘型人格障碍患者对所有事物的感受都是强烈而痛苦的，因此相比起常人，他们很难管理好自己的情绪。

让我最难过的并不在于这种疾病总是被人误解，而是引发边缘型人格障碍的往往是虐待行为。许多边缘型人格障碍患者都会跟你讲述一些遭受情感伤害、身体虐待或性虐待的经历。因为没有更好的应对方法，他们就会转向内心，自己对自己述说那些可怕和伤心的事情。久而久之，他们就会把这些事情当成事实，并将假想的经历表现出来。这类事实往往是“我就该忍受孤独，而且将永远孤独下去”“我不配得到真爱”“每个人最后都会离我而去”。正是因为这些错误的想法，边缘型人格障碍患者总喜欢抨击他人。他们并非故意要这么做，只是一直以来他们都在遭受伤害。

与边缘型人格障碍相伴而生的病耻感不仅存在于普通人的生活中，在从事心理健康治疗的人群中也会出现它的身影。许多治疗师、咨询师和精神科医生都拒绝治疗边缘型人格障碍患者，他们说这类患者太难治疗，门诊服务（即患者每周和医生见一次面，然后继续自己的生活）所能提供的治疗时间是远远不够的。我认为这是危害程度最高的一种病耻感。这意味着当苦苦挣扎中的患者想要寻求帮助时，却可能被转诊给另外某个人，经过简单检查后，又会被告知他们需要另一种治疗或者更全面的治疗。

我完全相信许多医生不愿治疗边缘型人格障碍是因为他们根本不了解这种疾病。如果我们一起努力，增加人们对这种疾病的认识，了解它从哪里来、哪种治疗手段最有效，我相信我们一定能为那些亟待治疗的患者提供更有效的帮助。

第 2 章

善待一个全新的自己

为什么有时会觉得情况很难好转？

无论是否患有心理疾病，我们每个人都会偶尔经历心理健康问题的困扰，但值得庆幸的是，我们有很多减轻痛苦的好方法！通过学习一些小技巧，纠正我们在某些环境下的心态和行为，往往就能阻止事态进一步恶化。大脑具有强大的适应能力，能够很好地习惯我们的日常作息。通常情况下，这是一件好事（比如完成新的工作任务，或者在早上轻松地为全天的工作做好准备），但有时候这种能力也会让我们养成一些不良的行为习惯，对我们的日常活动能力造成伤害。

当我们面临巨大的生活压力或烦恼时，这种“习惯”会让大脑想要退缩到一种不健康的行为中去。如果你对这种想法加以思考，你就会发现退缩是件更容易的事，我们都曾经无数次退缩过，因为退缩便意味着无须思考。当我们学习更先进的、更健康的行为时，我们必须努力地摆脱这种“习惯”。这就是我一直强调寻求治疗宜早不宜迟的原因。如果我们没有养成这种顽固的“习惯”，也就不用辛苦地去摆脱它了。此外，我们还可以更快速地培养健康的习惯，用更深入的影响力去压制不健康的习惯。

从我们呱呱坠地的那一刻起，大脑就开始一刻不停地学习各种技能来满足自己的需求。我们大声哭闹，学习肌肉控制和运动，开始形成对世界的认知。既然我们讨论的是养成健康或不健康的习惯，那就先聊聊和养育有关的话题吧（虽然大自然也发挥了作用），此外我们还需考虑周围事物对心理健康产生的影响。

婴儿时期，我们相信只要自己哇哇大哭，就会有人过来帮助我们：这是我们向他人寻求帮助的唯一方式。在母亲喂奶时，吮吸、吞咽，完成这一系列动作之后，我们的大脑和神经系统就会慢慢平静下来。当我们成长至幼儿时期，如果哭喊无法换来人们的帮助、安慰和关心，我们就会停止哭闹。为什么要白白浪费精力呢？又或者，如果我们的哭闹换来的是一顿惩罚，并且依然得不到任何帮助，这时我们就会渐渐明白，我们的感受和我们所认为的需求是不对的。我们甚至还会认为，我们只能自己关心自己，依靠其他人是没有用的。这就会导致一种心态，我们认为别人并不在意我们的感受，想做任何事情都只能靠自己。

我知道这可能是一个比较极端的例子，但我希望你能了解为什么我们会如此行事。为什么相信自己、相信自己的感受、了解自己的欲求是如此困难？有时候这个问题的答案可以追溯至婴儿时期。当我们大声地说出自己的需求时，却被告知我们错了或者我们的需求不应该被满足，这会让我们质疑自己的一切想法和感受。于是，当我们产生某种特别的情感或欲望时，我们无法做出反应，也不知道事情会变好。所以我们会把它埋藏在心里，告诉自己我们其实并不知道自己需要什么或想要什么。有时候，我们可能需要别人的提醒，让别人告诉我们一切都会变好，并以此证明我们的所想、所需是真实存在的。

我知道，把一切问题都归咎于婴儿时期的经历看起来像是一种过时的观点，但无论你承认与否，我们所有人都不止一次听人说过我们的感受是不正常的。虽然我们无法控制别人的行为，但我们有能力选择是否接受这类信息。可以确定的是：我们是值得的，我们的感受是重要且正当的，我们值得被爱、被关怀。这种积极的自我肯定正是我从事的治疗实践的本质，也是心理治疗能够改善生活状况的原因所在。

思维的周期循环：充满自信与自我贬低

虽然我们无法完全排除可能会跟随我们一辈子的所有情绪干扰，但我们能够采取一些行动，去改变我们应对未来人生的方式。我们可以努力地去了解长期积压在我们心头的、反复表现出的负面情绪。我很喜欢用“表现”这个词，因为这就好像我们被赋予了一个戏剧中的人物角色，我们必须按照这个人物的性格特征来表现。但正如戏剧表演一样，我们也可以选择拒绝这个角色，选择一个更加适合自己的角色。

不了解自己和自己身处的环境，就什么也干不了。因此，我总是喜欢先让患者写出他们认为自己在生活中扮演着的角色：他们来自哪里、在经历什么，他们呈现给别人的样子是怎样的。花点时间明确自己来自何处，有助于我们更好地确定未来的人生方向。

我们经常会陷入一些不健康的模式，因为我们根本不知道这些模式是不健康的，甚至也不知道正在做的事情对自己有害。由于我们在人生中的绝大部分时间里都在如此行事和思考，我们很难判断这些行为是错误或有害的。在不够成熟的岁月里，一些错误的想法甚至挽救过你的生命。我不断地向我的患者强调：饮食失调或暴食症实际上帮助你们度过了成长过程中的艰难时光，对此你们应该心怀感激。但同时，你们也不要忘记，这些应对之策已经不能继续帮助你们了，并且只会对你们的成长有害。

我说这些话的意思是，我们可能生活在一个非常不稳定的家庭环境中，所有事情似乎都失去了控制。比如你的父亲是个酒鬼，脾气古怪，如果你不乖乖听话，他就会对你拳脚相向。为了获得控制感，你会去寻找一些可以关注和依赖的对象，于是就把注意力放在了食物和自己的身体上（因为没有人想关注虐待或心情沮丧这类事情）。你可能会用暴饮暴食的方式来麻痹自己，这样就不用再思考其他事情；又或者干脆选择绝食，让饥饿成为自己唯一需要思考的事情。

要完全领会其中的意思或许有些困难，但是，许多心理疾病都源自对生活中其他事情的应对方式。正如我在前文中论述的那样，我们的适应能力很强，为了熬过一段无比艰难的时光，或许不得不采用一些不健康的行为来分散注意力或麻痹自己。幸运的是，我们有能力彻底改变自己适应和应对事物的方式。但变化不会突然发生，我们需要进行自我反思以及大量的练习。

首先，我们要清楚自己的角色特征是什么，也就是目前我们所处的状态。一开始这肯定很难，下面这些问题或许能够帮助你找到正确的前进方向。

◎你在家庭这出剧目中是主演吗？你有没有配角？

◎你的台词多吗？为什么？

◎当你感到烦恼或失控时首先会做什么？

◎在成长过程中，你在愤怒或伤心的时候表现正常吗？你的父母对此做何反应？

◎如果家里发生了不幸的事情，你会轻松地谈论这个话题吗？

◎有什么东西是你和与你关系最亲密的人都喜欢或者都不喜欢的？

回答完这些问题，我们就可以试着前往我们的目的地了。第二步是了解我们如何跟自己对话。是的，每个人都会跟自己说话，这并不是什么疯狂的行为。所有人都干过这件事，无论我们是否意识到了这一点。这是一种思考方式，我们通过自言自语来决定吃什么，或者做出某个艰难的决定或主张。所以不妨花点时间关注你对自己说得最多的话题是什么。是充满爱意的自信想法还是自我贬低的消极想法？真实情况是，每一个参加此项练习的人，在发现自己是如此频繁地与自己对话时，他们都感到难以置信。

在自我对话时，一旦意识到自己在反复提到一些令人不快的消极事件，此时我们一定要努力进行反驳，就像当面反驳现实生活中对你说这些话的人一样！你可能不得不使用其他人的语气进行反驳（因为使用自己的语气实在太难做到），这完全没问题，并且最好是使用那些从不受人欺负的硬汉朋友的语气进行反击。不论你做什么，都要记得反击！只有这样，你才可能改变自己的想法，进而改变你的生活。这听起来好像很简单，但事实就是如此。我们不必总是待在自己的本我角色里。

你知道有些动物为了躲避天敌会改变自己的颜色和形状吗？这可不是胡编乱造。这些动物通过改变自己来与周围环境融为一体，从而不被敌人发现，或者让自己的体型看起来比实际更大，以震慑敌人。我喜欢这种做法，因为这很好地提醒了我们，不必总是表现出现在的样子。我们可以下定决心去做出改变，通过一番努力，我们就能发现一个全新的自己。

就我个人而言，我喜欢把自己想象成一条正在蜕皮的蛇。蛇经常这么做，也有必要这么做。我觉得人类也需要时常与过去的自己告别。因此，不必总是抓住那些不再服务于人生目标的事物不放。我的许多患者都认为这个练习很有用：他们想象在街上看见了过去的自己，并且非常确信这个过去的自己无法认出现在的自己。我最喜欢美国作家琼·迪迪翁（Joan Didion）对这一概念的阐述：

> 我已经和许多个过去的自己失去联系。

因此，请记住你随时可以改变。年龄和时间都无法阻止你。每一天都是让自己成为内心深处最想成为的那个自己的新机会。

过往不幸恰是现今良药

疯狂就是重复做同一件事情却期待不同的结果。因此，如果我们希望让生活变得更好，成为更优秀的朋友、父母、丈夫、妻子等等，就需要去尝试不一样的事情。需要注意的是，这种尝试在一开始可能会让人感觉不舒服，因为全新体验总会让人感到害怕。

我现在依然记得我的治疗师对我说过的一段话，那时我刚结束一段糟糕的感情（甚至比糟糕更糟）并决定重新开始。"卡蒂，我希望你在下一段关系中也感到艰难。"刚听到这话时我非常生气，她不希望我遇见爱情或收获幸福吗？她怎么能说出这么伤人的话？

她解释道，这完全不是她要表达的意思。实际上，她真心希望我过得好，不要再次陷入一段糟糕而混乱的关系中。她希望我能够从以前的自己中走出来，找到真正关心我、为我着想、愿意为我花时间的人。因为多年来我从没遇到这样的人，想到要在一段关系中拥有这些东西就会让我感到不适。事实也确实如此，但我还是坚持了下去,然后这种不适感就慢慢地消失了。不明白万事开头难的道理,我们就无法开启新的学业或工作。一个人都不认识、感觉自己笨手笨脚……我们适应每一项新任务的时间都会比想象的更长。

因此,当你做出一些细微的改变时,别忘了这个道理。因为你在做全新的事情,所以可能会很慢,可能令人沮丧,但只要我们坚持下去,所有的一切就会越来越简单。每当我们对负面想法发起反击时,就会发现自己的消极看法变得越来越少。渐渐地,我们一定能够重塑自己的人物特征,成为理想的自己。

为什么说大脑是为改变而生?

我们的大脑习惯于延续每天要做的事情。一开始,改变这种习惯或模式会让你感觉困难,但大脑最终会习惯新的行为方式。我们可以利用这一机制,每当我们克服按老办法行事的冲动时,健康的习惯就会在大脑中留下更深的印象,使回到旧习惯变得更难。我一直很喜欢大脑的这种弹性特质。这意味着,无论我们的年龄多大,用同一种方式行事的时间多长,我们都能够学习新东西并做出改变(这就叫作“教老狗学新把戏”)。这一切都从细微的改变开始,包括对自己说话的方式、选择听谁的意见等等。

我们接收的与心理健康和心理疾病相关的多数信息都是负面的。媒体用心理疾病解释犯罪动机和名人自杀的原因,这些关注点总是过于负面,从而给大众造成一种印象:心理疾病患者是社会的危险分子，应该限制他们的人身自由。希望你读完本章后，能够了解心理健康和心理疾病的本质，知道自己并非孤身一人，世界还存有希望。

现在就开始吧！我经常听患者说，在忍耐了多年后才最终决定寻求帮助和做出改变。回首过去，他们只希望能早点做出这个决定。现在，你的机会来了。有没有什么事情已经困扰了你很长时间？有没有什么事情使你无法原谅自己或他人？即便我们现在才谈论这些问题似乎已经没有意义，也应该关注我们跟自己内心的对话，这些对话会对整个人生产生影响。当我们感觉一切在慢慢变好的时候，就会不自觉地将这些影响传播开去。

我的 YouTube 上有一条箴言："这是一个过程，而且并不完美。"是指我们的康复之路既不会一帆风顺，也不会一蹴而就，但只要不放弃，就一定能抵达终点。我总把"康复"当成一个无所不包的词语使用，因为我们每个人都在从某件事情中康复，或许是痛失爱人，或许是抑郁症发作。不论它是什么，我们都在努力康复，然后继续前行。当你迈出改变的第一步时，请将这条箴言牢记于心。

康复之路上不需要判断力，只需要同情和理解。每个人都会跌倒，都会有想退缩、放弃的想法。但这并不意味着你不能变得更好，过上自己想要的生活，或者不值得去抗争。这恰恰说明你是一个活生生的人，你在学习新的东西，而且生活有时候就是这么艰难。所以，我为患者提供的康复策略通常是一些容易实现的小目标。当糟糕的事情发生时，我们需要一些能够让自己及时获得帮助的东西，这些东西会提示我们：我们是有能力的。

因此，当你踏上康复之旅时，请善待自己，多一点耐心，告诉自己只要不放弃尝试，就会离想要成为的自己越来越近。一旦你察觉到自己又沉溺于负面情绪，请留意这种变化，然后拉回自己的思绪，想想你的优点以及你是谁。你甚至可以列出自己最喜欢的 5 件事，当你感觉生活变得糟糕时，就把这张清单拿出来看看，这样你就能在第一时间获得“友情提示”，之所以必须坚持下去，是因为要让生活充满着清单所列的喜欢之事，这就足够了。

我最喜欢的 5 件事

——关于我自己和我的生活

1. 我热爱我的工作，它让我接触到全世界的人们。
2. 我深爱我的丈夫肖恩，他是我永远的后盾。
3. 感谢我的决断力，让我能够完成必须做的事情。
4. 我热爱我生活的地方，南加州的天气是如此怡人，而且还有令人兴奋的户外活动。
5. 感谢我的身体，它是我完成每日工作的本钱。

关键信息

我们的大脑拥有强大的适应能力，这是大脑的伟大之处，这也意味着我们有能力做出改变！这还意味着大脑很容易让我们养成不良的习惯。因此，我们必须做出理性的决定，以健康的方式行事。

留意你每天对自己说的话。正是这些日复一日对自己说的刻薄话语，让我们觉得自己不够好，或是让我们陷入不健康的生活习惯。

一旦我们意识到自己在说负面的话就要发起反击。想象那些卑劣的言语是在针对你深爱的某个人，这当然需要你用积极的语言进行反驳！变消极为积极能让我们每天都变得更好些。

改变是好事，但它也会让我们感到恐惧和不适。要明白这是正常的事情，并无大碍。如果我们能适应这种不适感，就能获得一直以来追求的幸福和健康。

在采取这些行动时请善待自己。改变我们的思考方式、自我评价方式需要时间和练习。因此，我总对自己的患者和观众说“这是一个过程，而且并不完美”。

第 3 章

及时将“刺”拔出来

如何知道自己需要帮助?

预警标志是什么?

我们每个人都曾有过精疲力竭的感觉。或许是因为睡眠不好、饮食不佳，或者是因为压力太大让你想要逃离一个月。不论原因是什么，社会都只关心你的成就和你的观点，而不是你的健康。

许多人都想知道“做得不好”到底意味着什么，或者一个人到底要病到何种程度才会去寻求帮助。既然无法通过扫描或者拍 X 光来诊断一个人的心理是否健康，我们只好跟自己争辩，以此了解“病得不轻”的定义，有些时候我们甚至认为自己在胡说八道。

每六个成年人中就有一个人饱受心理疾病的困扰，但这其中只有约 50% 的人会去找心理疾病专家进行治疗。我认为这就是整个世界的现状，因为没有人谈论心理疾病，因此与心理疾病有关的唯一对话只会发生在我们的大脑中。现在，让我们改变这种情况，展开一场关于心理疾病和治疗方法的真正对话。

我在前文中明确了心理健康和生理健康的不同之处，现在让我们更进一步，聊聊应该采取哪些必要的治疗方法。我的观点是，只要你感觉自己正在非常费力地应对某件事情，就应该去见见心理治疗师。这件事情可以简单到只是跟父母或配偶吵了一架，也可以复杂到想要克服某个恶习。

如果有什么东西削弱了你做事情的能力，就去看看心理医生吧。这就好像不及时将刺拔出来，伤口就会发炎、化脓一样。同样的道理，如果你不向心理医生倾诉，情感问题也会让你的心灵生疮、化脓。所以，别让心理问题发展成心理疾病才去看医生，迈出你的第一步，防“病”于未然。

那么，在寻求帮助时应考虑哪些问题呢？这取决于你自己，以及你在感觉良好和感觉糟糕时的做事能力。至于你是否符合一系列治疗标准，或者你是否长期被心理问题困扰，这些都不重要，重要的是与你认为自己能做的事情相比，你想做什么和希望做什么。

“我感到精疲力竭，总是睡不着”

我想对这两者加以区分。在我使用“诊断”一词时，我想表达的是，你是否符合《心理障碍诊断与统计手册》(*Diagnostic and Statistical Manual of Mental Disorders*) 中所列的心理疾病诊断标准。我们有时候会感觉非常难过，想找人倾诉一番，但这并不表示我们患有诊断学意义上的心理疾病。

但我认为，我们不需要在符合某些可量化的标准后才能去寻求专业人士的帮助。这里举个例子来说明：

最近我感觉很不舒服。我也不确定这到底是为什么，但我知道自己总是失眠，在工作时也总会抓狂。我总是感到精疲力竭。医生告诉我，这很可能是由压力造成的，可是这种情况每隔几个月就会出现一次，并且每次都会持续一周左右的时间！下周我要做一次大型工作陈述，我觉得自己无法完成。如果我去看心理治疗师，他们会帮助我吗？我会不会是在浪费他们的时间？

如果只参照诊断标准，可能我无法告诉这位患者她正在经历的痛苦叫作重度抑郁症（MDD）。虽然她的许多症状与重度抑郁症患者非常相似，但她已经有两周的时间未出现这种抑郁情绪了，而持续的抑郁正是确诊重度抑郁症的条件。她也没有提到食欲的改变，但却说自己睡不着。根据我们已掌握的信息，这只是一种心理健康问题，尚不能做出心理疾病的诊断。

这里有必要强调诊断与治疗的区别，因为有一种普遍的错误观念认为，我们只有等到疾病使自己极度不适时才能去寻求帮助。支持这种错误观念的一般是眼里只有钱的保险公司，以及那些水平糟糕、面对患者的求助时只会给出错误的诊断结果和治疗方式的咨询师。

我终于决定要找心理治疗师说说我的焦虑和恐惧了。第一次预约时，医生说我只是思虑过重，让我做一些呼吸练习。我告诉他自己以前也做过这些练习，但是没什么效果。当我说这话时，他已经准备离开了。我从未感到如此糟糕，这让我看起来就像个傻子。这好像在表示这些情绪都是我自己编造的，我甚至不该为此烦恼。

不幸的是，这样的例子十分常见，它会阻止患者获得急需且应得的帮助。我总是对我的患者和观众说，没有人比你更清楚自己的感受。当然，你或许在工作或学业上没有出现任何差错。你甚至可以顺利完成别人交给你的大多数任务，但是你很清楚自己有些不对劲。如果这意味着你不得不跟自己的保险公司据理力争，或者尝试四五位不同的治疗师，也请坚持下去。

相信我，现在你付出的所有努力最终都会得到回报。相信你的感觉，相信你对自身情绪和能力的了解，去争取你所需要的治疗，帮助自己回到正常的生活轨道。

我们应该坚持的一项原则是，不要只把治疗局限在那些符合某种心理疾病标准的患者身上。如果这样做的话，就是在强迫人们等到真正生病之后再去寻求治疗方案。这是在告诉那些饱受不良情绪困扰的人：“现在你们的病情还不算严重，你们遭受折磨的时间还不够久。”

如果某个腿部骨裂的患者走进诊疗室，医生决不会让他先回去、等到骨折以后再来治疗。心理疾病治疗也是同样的道理。

病得不轻？只有诊断后才可定义

大约5年前，我度过了人生中最为艰难的一年。当时我一边筹备我的婚礼，一边为了执业资格考试而努力学习，同时还打着三份工。我记得有一次参加员工周会，当我走进去后，好友乔安娜悄悄地对我说："没事吧？你看起来脸色不太好。"她说对了，我睡眠不足，每周的工作日都要工作很长时间，周末还要参加执业资格考试的备考课程，此外我还要忙着筹备婚礼。尽管乔安娜只是好意提醒，但我开始大喊大叫起来。并不是因为对某件具体的事感到悲伤难过，只是因为我实在是太累了。我的眼泪快要夺眶而出，哪怕是一首电台里播放的伤感歌曲，也会让我情绪崩溃。我还发现，只要有人反对我的意见，就会被我厉声斥责。我就像完全变了一个人。

即便那一年非常艰难，令我耗尽心力，但从专业的角度看，我依然没有达到心理疾病的诊断标准。但是，我知道自己需要帮助。我从十几岁开始反反复复地接受治疗，我很清楚什么对我好、什么对我不好。在员工周会上号啕大哭不是一个好的信号，我知道自己需要尽快去见我的治疗师了。我回忆这段经历并不是想描述预约心理医生时的内心活动，我只是希望你在听了我分享的这段经历以后，能够找到一些符合自身情况的信息。

对我而言，要知道自己需要获得哪些外部支持，就必须先知道自己的正常状态是怎样的。我很清楚，我通常需要8~9小时的睡眠来维持正常的身体机能；进食后超过4小时我就会感到饥饿；通常情况下我都非常有耐心，能轻松地应对随时变化的日常安排，也可以同时处理多项任务。将以上事情牢记于心，如果有一件或多件事情出现异常，我就知道自己正在走向灾难，最终认识到自己需要帮助。即便是在我写作的此时，我仍然记得我为工作抓狂时的场景，我因为太忙碌竟然忘记了午饭时间，总是早醒，而且再也无法重新入睡。这些异常的表现都是我状态不佳的标志。假如我能早点留意到这些信号，就不会被沮丧、窘迫的情绪长期折磨了。

睡眠、饮食，病变的征兆

每个人的身体机能运作水平是不一样的，也就是说每个人在一天中能完成的工作量是有差别的。拿我个人来说，我每天的工作就无法跟一个外科医生相比。首先，我与外科医生的教育水平不同，而且我还知道，如果中途不休息，我在一件事情上的专注时间不可能超过 45 分钟。外科医生在一天中却要做十几个小时的手术，工作 12 小时甚至更久。这是我无法做到的，我的身体机能无法达到这样的要求。

这就是为什么我在一开始就跟你强调，想想你在状态极佳的一天里能做些什么。在吃得好、睡得好、心情不错的情况下，你一天能完成多少工作？你有怎样的内心对话？你是不是对身边的人更友善、更耐心、更充满爱意了呢？或许你工作和生活的效率都变得更高了。如果在一段时间里，你一直情绪低落，这些问题可以帮你回想起上一次让你感到充实、感到发自内心的快乐或与某人发生真实联系的时刻。这些“美好的日子”就是你的身体机能在“高效运作”的例子。

其次，我希望你留意自己在状态欠佳的一天里能完成多少工作。比如你跟某个你爱的人吵架了，你毫无食欲、无法入睡，甚至出现了一些健康问题。无论变化是什么，比较你当下的状态与那些“美好的日子”有何不同。你能将两者进行对比吗？在状态不佳的时候，也许你会脾气暴躁，总是感到疲惫，或者无法集中注意力。对比这两种极端状态有助于我们更好地了解身体机能在日常生活中的整体运作水平。

了解与自己相关的所有信息可以让你知道情况会在什么时候变糟。保持记笔记的习惯也有助于我们了解自己在一年中的哪段时间或者哪个月的状态是最不好的。除了关注情绪低落期之外，还需要留意那些情绪高涨的日子，因为只要我们的情绪偏离日常水平，就代表着有事情发生。例如，在一般的抑郁症诊断过程中，心理治疗医生接受的训练是，他们要了解患者的睡眠和饮食变化。这种改变可以是增加，也可以是减少，任何一种改变都可能被视为重度抑郁症的一种症状。

一旦你感到不对劲，对于平时在意的事物提不起兴趣，或者你从事日常工作的能力发生了改变，就去找人倾诉吧。不必等到情绪达到最低点，已经卧床不起，连给自己洗澡都很困难的时候再去看心理医生。觉察到情绪异常就要采取行动。

学会洞察自己的情绪

如果我告诉你，很多成年人根本不知道如何正确地判断自己的情绪，你会不会觉得非常意外？当我们问及他们这一周过得怎么样或者当下的感受时，大多数人的回答是：“呃，就是有点无聊吧。”或者是：“我不知道，说不清楚，我甚至不知道从哪儿说起。”不了解自己的真实感受，或者不知道自己这一天过得好不好，这种现象稀松平常。学校里也没有人教过我们如何识别或表达自己的情绪，大家都以为这属于家庭教育的范畴。但是，大多数家长都不会坐下来跟孩子好好聊聊如何充分表达自己的感受。

情绪教育缺失的问题一直延续到成年时期。作为成年人，我们必须振作，必须克服各种困难，必须负起责任，但没有任何人公开地告诉我们：“我们的感受是没问题的”。真实的情况是，除非我们能正确地处理每天的所有情绪问题，否则并不是每个人都能像成年人一样行事。我知道这听起来有点夸张，但我向你保证：我会使它变得简单一些。

我们先讨论怎样辨别情绪。完成一天的工作以后，花点时间将你当天感受到的三四种情绪记录下来。这些情绪不一定有产生原因，或者是以某种特定的顺序依次出现的。实际上，你或许在很短的时间内就经历了从愤怒到兴奋的情绪变化。所以，在进行情绪辨别时不要加入自己的个人判断，花一些时间探寻自己内心的感受。你现在感觉怎样？今天发生了哪些事情？你对此有何感想？将你的感受写下来，并持续记录这些感受。如果我们没有花时间去留意当时的感受，这些感受就会被我们抛到脑后，但有时候一些无关紧要的小事又会让之前淡忘的情绪如潮水般涌来。花些时间辨别我们经历过的情绪，就是为管理这些情绪创造了一个更好的机会。

情感认知的下一步是使用表示情绪的词汇以外的词语来描述情感。例如，如果我们感受到愤怒，那么愤怒又是什么呢？它是如何通过你的身体、你的人际关系以及你的综合体验表现出来的？对我而言，我会说生气的感受就像一股冲动的怒火，它令我们做出草率的决定，让我们在毫无征兆的情况下突然爆发。

这是一种失去控制的感觉，令人非常恐惧，这也是一种需要我们竭尽全力避免的情绪。花点时间想想愤怒（或者任何你最想描述的其他情绪）对你而言是什么。尽量描绘得生动一些，并且试着调动你的所有感觉。仔细回顾你今天经历的每一种情绪，然后描述它们。

了解我们的身体、内心和与人相处中产生的情绪可以帮助我们更好地了解自己。我们不仅可以了解自己是如何与他人互动，还会知道我们是如何体味生活。

如果我们对生活失去了兴趣，或者轻易产生放弃自己的念头，那就是寻求帮助的最佳时期。了解自己的内心和感受将有利于治疗，也能促使我们更快地走出情绪的困扰。这就是我们要先聆听自己的身体和心灵的声音的原因。

情绪就像波涛，我们无法阻止波涛汹涌而至，但我们可以选择在何处冲浪。

——乔纳森·莫滕松（Jonatan Martensson）

顿悟时刻：不同角度的益处

我刚刚已经用我们能理解的所有方式解释了为什么要在出现心理健康问题时去看医生，但实际上，心理治疗本身对每个人都是有益的。无论你在哪里或者你的感受如何，心理医生总能给你带来帮助。我说这番话并不是因为我自己就是心理医生，这完全与私心无关，而是因为每个人从别人的视角审视问题时都会有所收获。

当你接受心理咨询时，你必须明白心理医生并不是万能的。心理咨询之所以有用，是因为心理医生能够发现一些我们习以为常甚至完全没有留意到的问题。

我至今依然记得大学时期会见我的心理医生瑞贝卡时的那个“顿悟时刻”。那时我跟一个男生已经交往了几年，但突然有一天，我们的关系急转直下，我开始觉得这段关系是一种负担，但我不知道原因。我不想再频繁地见到他，他向我提出的每一个问题似乎都要耗尽我的精力。我把这个困扰告诉了瑞贝卡，想让她告诉我到底出了什么问题、要如何改善。在详细地向她讲述了我的经历后，她几乎一字不差地将我说的话重复了一遍（就像她说的，这么做是为了确保她的理解无误）。当我从她嘴里听到我刚刚说过的话时，我突然发现了问题所在：一切都在他的掌控之中，一切！

我震惊不已。当时我就明白了：每当我饥肠辘辘想去吃饭时，他都会让我一直等待他工作结束（有时候我甚至要等到晚上九点）。不仅如此，每次总是我去找他，他却从来不会主动找我。这些转变不是一夜之间发生的，而是持续了一年多我才发现。仅仅通过他人的转述就让我认清了现状，从而改变了我的人生。看心理医生的经历让我决定结束这段关系。它让我明白自己的时间也很宝贵，我有权在所有的人际交往中拥有平等的话语权。

帮我解决麻烦的并不是瑞贝卡的直言不讳，她也从未建议我甩掉那个渣男，重新开启新的人生。她所做的只是重新构建了我这一年多以来的困境，并在这个过程中让我重新经历了之前经历的一切。心理医生所做的治疗就是让我描述自己的经历，仅此而已。心理医生不会告诉你该做什么，因为这会让你感到更加内疚和羞愧。在你得出自己的结论时，他们应该保持中立，扮演一个支持性的角色。但显然我说这话的前提是这位“心理医生”非常出色，能够胜任这项工作。

我需要多大程度的帮助?

寻求帮助听起来含义笼统，难以做到。但是，在我对现有的治疗方案一一进行解释之后，希望你能了解：自己在最需要帮助时是有能力去寻求适当程度的帮助的。

我们先从拜访心理医生(就是和我一样的人)开始。传统意义上，拜访一名执业心理医生意味着你每周要去他的办公室一到两次，在每次持续 50 分钟的谈话中，你要对他讲述自己正在经历的烦恼。如果你只是感觉有些不适，或者只是需要一些有用的建议，这种讲述是有用的。如果在两次拜访期间你的生活没有糟糕到无法想象，那这种程度的治疗对你而言就是合适的。所以，你应该有能力去寻求治疗，试着听取心理医生的治疗建议，并且在生活中完成一些力所能及的工作。我们要再次检查自己每天的工作完成情况和情绪感受。

如果你发现自己难以参与心理治疗，或者无法完成医生要求的治疗任务，你也可以选择精神药物治疗（即精神疾病药物）。你需要约见一位精神科医生,以确定哪些药物适合你。医生会询问你的症状，症状持续的时间，从而确定哪种药物对你的治疗效果最好。药物的效果在数周之后才会显现，因此，你需要尽量保持耐心，让药物有足够的时间帮助你治疗疾病。

对许多人而言，仅仅采用药物治疗和心理治疗还不够，因为他们要经过很长的时间才能恢复至正常的状态。这时候我们就需要考虑一种强度更大的治疗方法。也就是说，我们不再只是约见一次治疗师或精神科医生后就回家，我们需要将大部分的时间用于治疗。

无论选择何种治疗方法，每天的治疗内容都是不一样的，但其总体上会构成一套治疗方案。每周你需要一个个地约见你的主治疗师，此外你还要拜访精神科医生。就像一站式服务，这套方案包括了你需要的所有治疗。有些治疗方案要求患者在每周的大部分工作日里接受治疗，有些方案要求患者每周连续治疗三天，还有一些方案甚至要求患者必须每天都接受治疗。最高级别的治疗（通常是住院）需要你待在治疗中心，你的所有生活活动和治疗活动都在治疗中心或医院里进行。我知道对患者而言，住院治疗常常让人感到恐惧。在这里和大家分享一个故事，这名患者决定接受住院治疗，她描述了当时的恐惧感受。

> 我很清楚我是自愿去住院的。我的情况正在快速恶化。多年来，我学会了观察身体内的疾病征兆，因此我会主动寻求帮助，而不是消极等待，以致病入膏肓、无药可救。我开始将自己与周围的人隔离开，强迫自己思考死亡问题（大致性地），甚至打算实施自残和自杀。这些症状让我在工作中和其他任何地方都无法集中注意力。我周围的人也发现了我的异常。每当出现这种情况时，通常都表示我需要立即接受强化治疗，否则我会陷入非常糟糕的境地。

我总是建议人们思考自己在接受每种强度的治疗时的表现，然后逐渐增强治疗强度，直至感觉自己获得的支持能够完全满足日常行为能力的需求。选择立即住院的唯一理由是：我们已经完全丧失了日常行为能力。这意味着，我们无法进食、睡觉，甚至无法自己洗澡。许多发现自己已经达到这种程度的人都感到束手无策，他们清楚地知道自己讨厌现在的感受，却不敢告诉任何人。

通过开诚布公、不带偏见地谈论心理健康问题，我希望我们能够缩短人们说出问题和寻求帮助的时间。我们不应该因为害怕外界的评论而延误治疗时间。总之，我们要确保每个人在需要接受治疗时都能获得他们需要的帮助。

最痛苦的是停留在一个不属于你的地方

你准备好寻求帮助了吗？这个问题是我跟朋友尼克聊天时提出来的，因为他已经断断续续地接受心理治疗很多年了，非常了解整个治疗过程。在谈及心理治疗的重要性以及他如何判断自己需要再次接受治疗的话题后，我问了他一个问题：“你如何判断自己已经做好了寻求外部帮助的准备？”他的答案有些复杂。

他长期与抑郁症进行着抗争，但是在他的第一位真正意义上的心理治疗师因为工作变动而离开后，尼克觉得自己将会回到以前的状态（成天待在床上，满脑子都是消极念头），他需要采取一些措施进行自救。他讨厌自己一直以来的这些情绪感受，也很清楚要想变好就要做出改变。因此，他开始用之前学会的方法进行自我治疗，同时寻找新的心理治疗师，并极力避免回忆以前的事情。

我的经历跟尼克非常相似，虽然我能做出治疗的决定完全归功于我的母亲。在我大约 12 岁的时候，我的母亲决定让全家人接受家庭心理咨询，因为她认为我们都在刻意回避一些话题，正好她的一个朋友告诉她心理治疗有助于解决这个问题。于是，我们全家人都去了。我哥哥和父亲当时表示反感，而我则恨不得马上再来一次。那次治疗后不久，我的母亲建议我继续坚持治疗，因为我发现这个办法非常有效。心理治疗让我意识到了自己的一些不良习惯，也让我对身边的人更有耐心，更积极地与他们进行交流。这件事做起来并不容易，而且迫使我进行深刻的自我反思，但是，我可以非常肯定地说，这次心理治疗成就了今天的我。

我邀请我的朋友、家人和观众分享他们自己的故事，讲述他们第一次接受心理治疗的经历。这经历确实可怕，多年来，人们总是将这件事一推再推，希望情况会奇迹般地好起来，但是最终，大多数人还是会去找心理医生来解决问题。

因此，当我问他们是什么力量让他们鼓起勇气打了第一个求助电话时，无论他们的故事有多么复杂，或者花了多长时间才有勇气迈出第一步，他们寻求帮助的原因只有一个：再也忍受不了情绪的折磨。

> 成长是痛苦的，改变也是痛苦的。但最痛苦的是停留在一个不属于你的地方。
>
> ——曼迪·黑尔（Mandy Hale）

我们都有过这样的经历：整天惶恐不安，从身体到内心都觉得很痛苦，以至于有时候想大声尖叫。我们不需要知道自己该何去何从，这就是我们向专业人士求助的原因。虽然他们不会直接告诉我们该怎么做，但他们会提供一些方法和指导，帮助我们变得更加健康、快乐。如果你还无法确定是否应该寻求帮助，这很可能就表示你正应该求助了。迈出第一步，然后你会发现，任何对自身幸福的投资都是值得的。

建立关系：朋友和家人是如此的重要

我们通过社交来检测自己在心理治疗中学习的新方法。因此，最好的方式就是找到一名心理治疗师和一套支持系统。假如我们在心理治疗中学到了一些新的沟通方法，但在接下来的一整个星期里都不跟任何人交流，那如何判断这些方法是否有用呢？这是不可能做到的。在心理治疗中建立一种单方面的关系，是为了帮助我们更清楚地看到我们在其他人际关系中扮演的角色，然后帮助我们努力改善这些关系。如果我们没有任何社会关系，那么心理治疗就更侧重于建立自信，让我们走出去，主动结识新朋友。

在生活中建立各种人际关系的另一个重要原因是，作为人类，我们需要爱，需要牵挂。早在孩童时期我们就有与人建立关系的需要，这就是婴儿在吮奶、吞咽、被抱起时会感到舒适的原因。这些行为对婴儿的神经系统有舒缓作用，使婴儿感到平静。吮奶和吞咽的安抚作用尤其明显，因为这两个动作将婴儿与喂奶者连接在了一起。更具体地说，这些安抚将有利于完善婴儿的心跳和呼吸方式、调节婴儿的消化系统。“被抱起”这一行为将刺激婴儿大脑中的杏仁核（又名杏仁体，是边缘系统的一部分，该区域帮助我们为对抗或飞行做好准备），让婴儿感到安全，所以“被抱起”也有利于人类远离危害。这一切都让婴儿感到更舒适、更平静。

这些内容或许看起来稍显怪异，但这是我们了解建立人际关系的原因及其重要性的关键。从本质上说，联系是人类发展的一部分，它保证了人类的生命安全，帮助人类成长。因此，当我们陷入困境，无法感受到真实的自我时，建立健康的人际关系可以帮助我们渡过难关。专业人士的支持、家人和朋友的理解为我们的成长和治愈提供了最好的环境。

“支持系统”：咨询、援助、分享

并非所有人都拥有充满爱与关怀的家庭以及亲密无间的朋友，所以，当我们遇到心理健康问题时，除了家人和朋友以外，我们还可以通过其他的途径来获得支持。

首先，许多学校会为学生提供心理健康咨询。学校里的咨询服务形式不一，但多数采用小组对话的方式。我曾供职的一所私立学校每年会聘请两名心理治疗师开展一次有关焦虑的小组交流，同时我也会推荐几名患者前去参加。在活动中，患者能够学到一些更好管理焦虑的方法，也可以与其他同学展开交流。实践证明，这种方法非常有效，不仅为患者提供了一种新的治疗方式，也为学生提供了社交互动的理想场所。即便只是向老师、学校咨询师询问与心理健康服务相关的信息，你也能得到一些有用的建议。

如果你所在的学校不提供类似服务，许多社区服务中心也可以帮助你。我的第一份实习工作是在一所家庭社区服务中心，他们为需要帮助的人士举办比赛、团体聚会、培训班等。家长可以前来寻求支持，学习新技能，或者只是和其他拥有相似问题的人交流意见。

即使你所在的社区不提供这类附加服务，我们也有网络世界。在 Facebook（脸书）小组、旅行者 Meet-up 小站以及其他同伴支持应用软件上，你都可以获得你需要的社交互动。

提及这些资源是想告诉你，只要你有需求，我们就能找到一种方法满足你的需求。我知道寻找自救方法的过程非常痛苦，甚至让你耗尽心力，但问问身边的人，或者在网上进行简单的搜索，你也许就能找到解决方法。

为什么向朋友和家人倾诉还不够?

拥有朋友和家人是一件美好的事情。我们可以和他们谈论工作上的烦恼、情感上的困扰。支持系统是一种强大的资源，也是一种每个人都应该拥有的资源。我总是鼓励患者去交朋友，或是与健康的家人重新建立联系，从而让患者找到新的出口。但是仅仅靠朋友和家人是不够的。原因非常简单。你是否有热衷八卦话题的朋友；在你冲动时总会怂恿你的朋友；或是以自我为中心从不为你考虑的朋友？我非常肯定，你现在正在不停地点头，因为我们每个人都曾遇见过这样的人。虽然你可以向他们倾诉，但他们总是不知道该说些什么、应该如何帮助你。

虽然拥有相识数年的老友是一件幸福的事，他们会倾听你所有的故事、对你表示赞同、和你一起抱怨，但他们不懂得如何温和地指导你、帮你达到目标或做出改变。当然，你也没有道理要求他们必须这么做。有时候，你需要的不过是他人的认同，希望他们跟你一起吐槽，但这并不能促进你成长，也不能帮你做出改变。因此，朋友和家人的陪伴是看心理医生之外的有益补充，但仅靠朋友和家人是不够的。

当你最需要帮助时，心理治疗将为你提供一个能够大声宣泄负面情绪的安全空间，帮助你继续前行。但只依靠心理治疗也是不够的。在心理治疗中，所有的焦点都在你身上，平等的意见交换并不存在。你不会询问心理治疗师“这个星期过得怎么样”，因为心理咨询是为你服务的时间。这就是心理治疗的独特之处：它帮你排除一切干扰，只专注于自身。通过这种方法，你才会开始更清楚地认识自己，并知道自己想要什么和需要关注什么。

我想让你知道的是，你并不是一个人在战斗。仅在美国，受心理健康问题困扰的人数就超过了400万。我们越频繁地讨论这个话题，越踊跃地分享自己的故事，越积极地伸出援手，情况就会越来越好。我们越了解心理疾病的早期症状，就越能在病情恶化之前采取措施、寻求帮助。

关键信息

不必在符合某种心理疾病的标准后才去寻求帮助。

记录每天的情绪和感受，以找出自己的标准状态。

追踪每天经历的3~4种情绪（按任何顺序排列都可以）。

记住！心理治疗对任何人都有益处，因为它能为患者提供全新的、中立的视角。

如果已经开始接受心理咨询，但在两次咨询后仍然饱受情绪困扰，这时应该寻求进一步的专业治疗。

与人建立联系是人类的本能。因此，建立良好的人际关系（包括但不限于朋友和家人）是治疗和成长过程中至关重要的一部分。

第 4 章

找寻适合且信赖的“向导”

解码心理治疗专家：

他们是谁？他们的工作是什么？

似乎每个行业都有特定的行话、术语或缩略词，我们可以用其指代每周的例行报告，描述某个职务的名称等。心理健康领域也不例外，因为患者在寻求治疗的过程中会遇到形形色色的专业人士，所以我将在这里给大家一一解释这些术语的含义。

作为一名心理健康领域的工作者，专业人士的各种职务头衔、学位、缩写字母也经常让我晕头转向。总有人问我是做什么工作的，当我说出我的职务全称（我是一名注册婚姻家庭治疗师）时，总会得到这样的反应："噢，你只为家庭和夫妻提供咨询服务吗？"既然我的回答总是："不，我接待所有类型的咨询和患者"，那么我应该有必要澄清这个问题。

我们获得的学位和执照的确会限制我们从事的工作和专业领域，但我们的治疗对象却不一定受制于我们接受的教育水平。教育水平会拓展或限制医生能够合法接诊的患者范围，影响医生在治疗过程中的言语和行为，同时也让患者在选择医生时有一个参考意见。

专家也是普通人，他们也有自己坚持的治疗理念和看法。因此，我仅就他们必须达到的教育水平、法律和道德允许、禁止的行为，以及患者如何辨别不同的专业人士这三个问题进行说明。你可以将该过程理解成对心理专家名字前的缩写字母进行解码。读完这一章后，你能更好地组建自己的治疗团队，集合适合自己的各种专业治疗师。我会根据你最有可能遇到的情形对各种类型的医师进行区分。

精神科医生：可以开处方

先来说说精神科医生。精神科医生是致力于心理疾病治疗的医生。要想成为一名精神科医生，必须完成 4 年的本科教育和 4 年的医学院学习，之后还需经历大约 4 年的住院专科实习（研究生医学培训的最后阶段之一）。在住院实习期间，精神科医生需要确定自己的专业方向，也就是其他医生所说的想当一名儿科医生还是一名耳鼻喉科医生。选择当精神科医生就表示他们想从事心理健康领域的工作，将大量时间花在心理疾病的治疗上。他们所接受的所有的医学培训就是他们的名字后面写着“MD”的原因。这表明他们完成了医学院学习，成为了一名经过认证的执业医生。

精神科医生与其他心理健康专家的主要区别在于，精神科医生可以给患者开处方。因为他们是医生，对药物有着充分的了解，懂得药物对人体的影响和需要注意的副作用。因此，如果你想预约一名精神科医生，可能会遇到如下情形：

“约翰，你好。今天你跟我会面是因为什么事呢？”

“呃，我也说不明白，但我最近的情绪一直很低落，而且情况越来越严重了。”

“你对平时的那些爱好还有兴趣吗？你的饮食和睡眠有没有什么变化？”

“我最近食欲减退，也不想写曲子了，每天早上也醒得特别早，醒来后就再也睡不着了。我这是怎么了？”

“在我看来，这听起来像抑郁症。我打算给你开一点低剂量的抗抑郁药物。大概三到四周它们就会在你身上起作用。你要有点耐心，不过只要你冒出自杀念头或者感觉到了任何副作用，一定要告诉我。那就先这样吧。”

通常情况就是如此。与精神科医生的谈话时间通常是12~20分钟，在此过程中他们会了解你的症状和药物耐受性。

以前，精神科医生询问患者的时间会长达一个小时，同时他们还会给患者做一些治疗，但由于保险公司施加的阻力和报销金额的削减，现在的精神科医生往往只进行所谓的“用药管理”。因此，我的大多数患者都不喜欢这种简短、直接、毫无感情色彩的医患互动。这种做法让人感到冷漠，好像医生并没有认真听你在说什么。但是，这是心理健康治疗中很重要的一部分，所以我总是要求我的患者记录下他们的所有症状、问题和担忧。如此，即便精神科医生在诊疗过程中语速很快，动作匆忙，但仍能获得关键信息。

我知道你们读到此处一定会想：“卡蒂，我的全科医生也会给我开抗抑郁药物啊。”这也许是事实，但我还是要强调，请务必去找学习过精神科药物（即心理健康药物）知识的医生看病，让他们了解你的症状。这一点至关重要，这能确保你获得正确的诊断，避免错误用药引发的症状加重。

当你觉得自己需要服用药物进行治疗时，你应该拜访精神科医生。我认为，当你发现自己被淹没于各种症状的海洋时，药物就是拯救你的安全木筏。如果你没有精力和能力去尝试心理治疗师建议的方法和技巧时，就需要寻找其他的方法来拯救自己。纵然每个精神科医生的专业水平不尽相同，但他们中大多数都是十分热心的，他们也愿意投入大量时间来了解患者。

心理学家：测试与评估

虽然心理学家也会自称医生，但我们还是有必要对医生和心理学家进行区分。心理学家不用去医学院学习，也不是真正意义上的医生，因此他们不能给患者开处方。不过，心理学家拥有心理学专业的博士学位，我们也可以称他们为“医生”[①]。他们同样接受了多年的教育，完成了 4 年的本科学习、4 年的研究生学习。这 8 年中，他们一直在接受心理学和心理治疗培训。毕业后，他们还需要通过考试获取执照（各州情况不同）。

① 英语中“医生”和“博士”为同一个单词。——译者注

心理学家要么拥有哲学博士学位（PhD，Doctor of Philosophy），要么拥有心理学博士学位（PsyD，Doctor of Psychology）。许多人不理解为什么从事同一种工作的人会有两种不同的学位。别担心，我来解释这个问题。心理学博士学位直到 1973 年才被创立并逐渐得到社会的认可，但其发展缘由却非常重要。

以前，获得 PhD 学位意味着你需要兼顾科学研究和临床应用两大领域。你不仅需要学习如何研究人类以及人类的行为，还需要学习如何提高人们的生活质量。你或许会感到疑惑："4 年的时间足够学习这么多内容吗？"因此，一些人认为如果不将这两个领域独立开来，那么就总会有一个领域被忽视。所以，人们在心理学学科中划分了两个分支：科学研究方向和临床应用方向。

如此一来，PsyD 就成了一个偏重临床，需要在诊室里更频繁地与患者打交道的学科，其关注的重点是如何治愈患者。PhD 则偏重科研与实验项目。但因为 PsyD 学位在 20 世纪 70 年初才出现，此前的许多研究生院还未开设该课程，所以许多拥有 PhD 学位的人也在从事临床工作。从整体看来，这两者之间的差异并不十分明显。我知道部分患者会为这种现象感到困惑，但无论你的医生持有何种学位证书，他们的专业能力都是毋庸置疑的。

另一个需要说明的差异是，心理学家可以提供心理测试和评估，而许多其他的心理健康专家却不能这样做。换言之，如果你想确定自己是否患有注意力不足过动症（APHD），或是确认自己的焦虑程度，心理学家会对你进行相关的测试，并向你解释测试的结果。心理学家将大部分的精力投入在测试和评估上，因此，如果你需要这方面的任何帮助，他们是最佳人选。

精神 - 心理健康高级实践注册护士（PMH-APRN）：全能型护理师

医院是最有可能遇见精神科护士的地方。我曾在一家地方医院的日间治疗中心工作，与精神 - 心理健康高级实践注册护士有过紧密的工作接触。想要成为一名注册护士，不论你在哪个专科，都必须首先完成专业学习并拿到资格证书。成为一名注册护士有以下两种方式：

◎花 2 年时间考取护理专业副学士学位。

◎花 3 年时间考取护理大专文凭。这类护士通常在医院工作；他们也可以用 4 年时间考取护理本科文凭。

从以上项目毕业后，就有资格参加注册护士（RN）资格考试，开启护士的执业生涯。

取得护理学学士学位后，必须攻读精神科 - 心理健康护理方向的硕士或博士学位。

注册护士的独特之处在于，他们同时拥有医学理论和临床方面的知识，可以评估、诊断病情，甚至在某些州拥有处方权。注册护士在其执业范围内从事哪些具体工作取决于他们的学位。一些人选择开一家私人诊所，另一些人则选择在医院工作。在工作过程中，我发现注册护士擅长为患者提供换药建议，以及向患者解释药物可能产生的副作用，并让患者相信自己接受的治疗是合适的。

既然护理领域存在这么多类型的学位，而护士又几乎了解健康领域所有的治疗问题，因此我们有必要知道他们都接受了哪些培训和教育。谈及专业化问题，我们总想知道这些专业人士是如何进入自己的专业领域的。在问诊过程中，你甚至可以要求他们出示自己的简历，这是你的权利，如果你怀疑医生的专业能力，你完全可以提出这样的要求。

注册婚姻家庭治疗师（LMFT）：家和万事兴

我就是一名注册婚姻家庭治疗师，这是我最了解的领域。要想成为一名注册婚姻家庭治疗师，你首先必须完成 4 年的本科教育，通常是心理学专业（并非唯一专业）。之后，你还需完成为期 2 年的临床心理学硕士课程。我的课程名称是“婚姻与家庭治疗方向的临床心理学硕士”（Master's in Clinical Psychology with an Emphasis in Marriage and Family Therapy）。这表明该课程主要针对临床应用领域，并重点关注人际关系。我的主要研究领域是治疗方法与技巧，以及在接待患者咨询时如何用语言解释我所学习的专业。

在完成研究生课程后，注册婚姻家庭治疗师需要开始累积执业小时数（与心理学家一样），以我获得的加利福尼亚州的职业资格为例，必须累积 3 000 小时的临床工作时长。加利福尼亚州的执业资格委员会给你 6 年的时间来获得这些工作时长，而实际上我只用了 5 年的时间；然后我就获得了参加由两部分内容组成的执业资格考试资格。通过这两次考试，从技术层面上说，我就可以自称注册婚姻家庭治疗师，并可以在无人监督的情况下接诊患者了。

与精神科护士一样，注册婚姻家庭治疗师也可以专攻心理学领域中的某个专向领域。在刚开始找工作的时候，我的研究生课程还没有毕业，所以我的工作必须在有人监督的情况下进行，而且这必须是一份有薪资的工作。唯一能满足这两项条件的地方是一家饮食失调治疗中心，于是我满怀希望地接受了这份工作。这个决定让我有机会密切接触饮食失调患者，所以我详细了解了该疾病的病因、治疗方案以及康复过程。因此，我可以自信地说，我擅长治疗饮食失调，但其他方面的治疗我就不能这么说了。

在多年的执业实践中，我发现有些治疗师会说自己擅长心理学的各个领域，但他们并没有接受过正规的培训。一些治疗师会列出 10 个或者更多的擅长专业，如果你浏览保险公司推荐的治疗师名单，你就会发现这一点。我要告诉你的是，不要相信这份名单上的内容。对于一位临床医生而言，在短时间内掌握如此多的知识是无法完成的。

此外我还发现，许多专业人士会列出他们知道的所有问题，这样他们就能吸引更多患者的注意。别忘了，心理治疗也是一门生意，这就是你要向他们提问、了解他们的情况的原因。如果患者需要专业治疗，例如成瘾症、饮食失调，我会建议患者先看看治疗师的简历，或问问他们都接受了哪些培训。我知道这听起来或许有些苛刻，但许多患者很可能是被疾病折磨多年后，才最终做出了寻求专业治疗的决定，因此我希望患者能够得到正确的治疗。

注册婚姻家庭治疗师可以治疗多种心理疾病，他们帮患者进行诊断，帮助患者朝着自己的目标努力。经过相关的培训后，注册婚姻家庭治疗师还能提供心理测试和评估服务，但这不是注册婚姻家庭治疗师在学习阶段主要关注的领域，因此需要接受额外的指导并获得相应的认证。

值得注意的是，注册婚姻家庭治疗师没有处方权。只有具有医学院教育背景的人（注册护士除外）才能开立处方。但许多注册婚姻家庭治疗师认为自己可以向患者提供用药建议，这件事让我感到异常苦恼。注册婚姻家庭治疗师只需要完成一项药物课程的学习，并不需要接受医学院教育，也没有接受过提供用药建议的培训。所以，治疗师向患者提供用药建议是完全错误的，从技术层面说这是非法行为。因此，请你确保自己从正确的渠道获得用药建议。

注册婚姻家庭治疗师的最后一个特点是，他们主要接受的是人际关系支持与指导方面的培训。这种关系可能是你与配偶、朋友甚至自己的关系。所以，注册婚姻家庭治疗师关注的是帮助你改善各种人际关系，让你在各种环境中感到放松。当你决定进入下一阶段，接受心理健康专家的治疗时，我们的这些服务才会更有意义。

注册临床社会工作者（LCSW）：从援助保护到生活向导

成为一名注册临床社会工作者与成为一名注册婚姻家庭治疗师有许多相似处，因为他们也需要完成 4 年的本科课程和 2 年的研究生课程。他们往往也会先获得心理学本科学位，再完成临床社会工作的硕士课程。毕业后，注册临床社会工作者也需要累计工作时长，之后才能获得执业文凭并通过考试，只有这样才能独立接诊患者。

社会工作这一专业最早出现在 20 世纪初，作为一种援助贫困人口、心理疾病患者等群体的方式。这是注册临床社会工作者的雏形。注册临床社会工作者接受的训练并不侧重于周围人对你的影响，也不侧重于你的人际关系问题，他们关注的是如何帮助你改善个人在所处环境中的表现。换言之，他们不关注你在人际交往中做了什么，而是关注如何让你回到正确的生活轨道。注册临床社会工作者会帮助你做好求职准备、克服考试焦虑，或是帮你获得某些所需的生活服务。

正因如此，注册临床社会工作者通常在政府机构或儿童保护服务组织等机构中任职。如果你想知道自己如何才能回到正常的生活轨道，他们是最佳求助人选。他们不会介入你糟糕的家族关系，但他们会关注你现在的表现，以及你继续生活下去需要的技能。在很大程度上，这种方法是极其合理且具有指导意义的，此外，注册临床社会工作者还可以帮助那些无法从过往经历中走出来的人继续前行，提升他们的生活质量。

有一点令人烦恼。我有不少从事注册临床社会工作者工作的朋友和大学同窗，我们都完成了研究生课程，拿到了执业证书，并且几乎同时开始了工作实践。就我的经历而言，我发现注册婚姻家庭治疗师和注册临床社会工作者的工作内容几乎完全相同。甚至我们的考前预备课程都是相同的！我对此感到震惊，也感到沮丧，因为我花了几个月的时间来决定成为一名注册婚姻家庭治疗师还是注册临床社会工作者，结果却发现这并不重要。

注册临床社会工作者可以自己开设私人诊所，通过咨询帮助你回到正确的生活轨道；注册婚姻家庭治疗师会帮助你获得所需的服务，以此保持你的身体和心理健康。而说到这两个不同的学位和资格证书,我真诚地认为这取决于你求助的具体个人。如果你喜欢他们，同时他们又具备相关的教育背景和专业知识，那你就找对人了。

注册专业临床顾问（LPCC）：综合运用各种方法

注册专业临床顾问是心理健康专业中最新增加的一个职位。每个州的情况各不相同。在我执业的加利福尼亚州，注册专业临床顾问在 2009 年才被添加至职业临床医生的名单中，且在 2011 年以前，任何人都不允许申请此类执业证书。过去自称“顾问”的人是指那些亲身经历某些事情或者自认为具备某些知识，因此希望就此提供有用建议的人。咨询领域的不规范导致一些寻求帮助的人并没有得到正确的治疗。因此，现在各州的执业委员会开始对其进行监管和治理。

正如你猜测的那样，取得注册专业临床顾问头衔的过程，与成为注册临床社会工作者和注册婚姻家庭治疗师几乎完全一样。注册专业临床顾问也需要完成 4 年的本科课程、2 年的研究生课程，然后累积工作时长，通过资格考试并拿到执业证书。因此许多人都对这些头衔之间的区别心存疑惑，而执业委员会和教育系统也未对这些心理健康从业者进行明确的区分。

注册专业临床顾问需要学习并运用各种治疗方法，还要学习对患者进行准确的评价。他们的咨询对象包括正在适应自身残疾状况的人、关注个人成长的人以及正在处理某种危机的人。注册专业临床顾问没有处方权，但他们可以帮助你解决情感问题。

总而言之，注册专业临床顾问将采用最广泛的方法帮助患者。他们不仅关注人际关系或改善环境适应能力等问题，还会更全面地观察患者面临的困扰。他们会对患者提供的所有信息进行分析，然后采用各类治疗方法帮助患者实现个人成长和发展。如前所述，如果你希望注册专业临床顾问在某些具体问题上为你提供帮助，请大胆地询问他们的有关培训经历和教育背景，以便找到最适合的顾问人选。

注册教育心理学家（LEP）：为学业保驾护航

如果你在教育系统内任职，或者需要与教育系统内的人员打交道，你才会遇到注册教育心理学家。

成为一名注册教育心理学家，必须完成4年的本科课程，再拿到硕士或博士学位。然后，你还需要在教育系统继续学习或工作3年以上，最后通过执业考试。

一旦通过考试，注册教育心理学家的工作重心就将全部转向教育领域。注册教育心理学家可针对任何影响学生完成学业的心理问题进行评价和测试，对测试结果做出解释，让被测试者了解得分的意义。他们还能对学习障碍进行诊断，与学生和学生家长进行交谈，以便确定学校是否满足了某位学生的所有学习要求。

我曾在为患者争取加入“个别化教育计划”[①]时与注册教育心理学家共事过。他们负责让老师详细了解患者的个体需求，并保证老师制订的计划能够得到支持。

一般情况下，注册教育心理学家在拿到执业证书以前都是学校的辅导员，为了给学生提供更多援助而选择继续深造。如果你的心理问题与学业有关，并希望在接受教育期间获得更多支持，可以向注册教育心理学家寻求帮助。

为什么“治疗关系”比学位或证书更重要？

我花了很多的章节来介绍各种不同的学位、登记证书和专业化领域。但是，如果你不愿意和试图帮助你的人建立联系，以上这些

① Individualized Education Program，简称IEP。1975年美国国会颁布的《全体残障儿童教育法案》中规定的一项内容，指为接受特殊教育的每一位残疾学生制订适应其个人发展需要的教育方案。——译者注

就没有任何意义。你可能会见了全球最好的心理治疗师或心理学家，但如果你觉得他们并没有认真地倾听你的问题，或者他们并不关心你，治疗同样不会产生任何效果。相信我，大量研究已经表明，医患关系对心理治疗有着重大的影响。

因此，一旦你认为帮你治疗的专业人士在法律和道德层面都能满足你的治疗需求，那么剩下的唯一条件就是你是否喜欢他们，并感觉他们也喜欢你。当然，你还需考虑其他方面，但就本章节而言，最重要的是你要喜欢为你提供帮助的医生，至少你愿意向他们倾诉平时很少谈论的话题，并且他们也乐于倾听，希望改善你的状况。

让自己获得足够多的支持和指导

提及咨询多个心理健康医生，人们可以说出许多赞成的理由。患者通常会担心这意味着他们不信任自己的医生，或者他们认为应该夸大自己的病情以获得更全面的治疗。根据我的经验，在我的患者中，有约 75% 的人同时还在看其他的医生。因此，你并不是唯一的同时问诊多个医生的人。

当你需要进行药物辅助治疗时，就会经常发生这种情况。在这种场景下，你首先需要一名心理治疗师，然后需要选择治疗方案（比如咨询注册专业临床顾问、咨询心理学家等专业人士的意见）。在这之后，如果你发现自己仍被各种症状压得喘不过气来，你还可以寻求药物治疗，通过治疗获得你需要的各种工具和支持。

除了因为药物管理而向多位专业人士求助之外，另一个常见的场景是因为某些特殊状况需要请教专业人士。很多患者找我看病就是为了获得一种方法或技巧，帮助他们克服饮食失调和焦虑。但是，如果他们经历了某种生活创伤，无论我多么频繁地找他们谈话，情况也很难得到改善，这时我就会推荐他们去看创伤专家。我接受的训练告诉我谈话治疗可以帮助患者处理情感创伤，但如果他们需要强度更大或其他类型的治疗方法，就要寻求更专业的帮助。

给出这样的转诊建议有其特定的意义。举个例子，为什么要进行转诊？为什么我的患者要同时接受两个人的治疗？首先，转诊是因为患者的需求已经超出了我的执业范围（即超出了我所接受的训练和教育的范围）。其次，心理创伤专家只会关注心理创伤问题，而将行为治疗留给我处理，所以患者才会需要同时接受两个人的治疗。但是，如果你认为同时约见两位治疗师有些夸张，你更喜欢只和一位治疗师打交道，你也可以只选择一位治疗师来进行治疗。请记住，你的治疗最终取决于你自己，取决于你认为什么是最好的。我的建议是：将这些想法告诉你的治疗师，然后听听他们的建议。

接受多名心理健康专家的治疗可能有多种原因，比如你换了新的医生，或者你的治疗师的执业范围发生了变化，或者他不再接诊患者了，又或者你认为现在的治疗师不适合你。无论原因是什么，重要的是你找到了新的医生，并且开始接受他的帮助，继续得到正确的治疗。

理想的情况是：你的治疗医生彼此之间也有联系，并且会共享相关信息和治疗目标。这样的话，你就不需要浪费大量的时间接受重复的治疗了。

我知道在这个话题上我已说了太多了，但你必须明白，治疗过程是因人而异的。我认识的患者中，有些人甚至一共约见了 5 名心理专家，他们将其视为治疗的一部分；而还有一些人则只有一位治疗师（也就是我）。最重要的一点是，你认为自己获得了足够的支持和指导。如果在两次治疗期间你仍然感觉糟糕，或被各种症状折磨，你就应该寻求更多的帮助。

这正是心理健康专业人士必须完成漫长的学校学习、实习培训、工作时长积累的原因所在：他们想帮助那些苦苦挣扎的人，改善他们的生活。所以，去主动求助吧，找到最适合自己的心理专家，相信自己一定会好起来。

第 5 章

做正确的决定，从实际出发

什么是最适合我的？

找到最有效的治疗方法

在寻求帮助的过程中，让人感到困惑的不仅有治疗师的学习经历，还有治疗师提供的治疗方法。一些人声称自己采用的是认知行为疗法，另一些人则吹嘘自己是眼动脱敏与再处理（EMDR）治疗师……患者又一次迷失在了缩略词的海洋里。许多专业人士都会从各类疗法中选择一些适用的方法。但是，并非所有的疗法都是通用的，许多疗法仅对某些特定的问题起效，所以对患者而言，了解不同疗法的原理也很重要。

多年来，人们创立了上百种形式各异的心理疗法，每位专业人士都能找出几种新方法帮助他们的患者。准确地说，这并不完全出于帮助患者的目的，心理健康专家也有自我认同和满足的追求，似乎每个人都希望发明一种以自己名字命名的心理疗法。因此，患者需要了解的是：有哪些可以采用的方案，以及哪种方案对自己的实际问题最有效。

一些治疗师致力于帮助患者改变行为方式，另一些则专注于帮助患者走出伤痛的阴影。这些方案的名称以及医生开出的处方常常令人眼花缭乱，尤其是在你不知该预约哪类医生的时候。因此，我将列举一些最成熟、最合理的治疗方法，简要说明这些疗法的诞生过程及适用症状，我还将介绍一些案例，让你了解某些具体疗法的谈话过程，以帮助你为第一次约见医生做好准备。阅读本章后，你就能理解那些晦涩难懂的心理学语言，从而做出正确的治疗决定了。

心理分析：心理疗法的开端

我们不妨从心理分析的先驱西格蒙德·弗洛伊德说起。心理健康和心理学等名词在当时还是十分新潮的概念。传统心理分析的理论基础是所有人类都由他们的本能和生物驱动力驱动，因此要关注潜意识对日常行为的影响。在弗洛伊德所处的时代，心理咨询中治疗师最常用的方式是梦境分析和自由联想（自由联想主要包括人声表达，这种表达无须考虑语句是否连贯、恰当或符合逻辑）。

我将心理分析放在第一位是因为它依然是我们今天已知的心理疗法的基础，你会发现其他类型的疗法都是由心理分析的某个部分衍生而成。但需要指出的是，在今天的治疗过程中医生并不会经常使用传统心理分析，因为完成整个治疗过程要耗费大量的时间（以及大笔金钱），仅此一方面就限制了采取这种疗法的人数。此外，在传统心理分析的谈话过程中，患者无法看见治疗师。为了避免产生移情，治疗师必须与患者和患者的治疗过程完全分离（当患者将自己的感觉从某个人或过去的某段经历转移到治疗师身上时就会发生移情）。当然，对生物驱动力的关注也忽略了人类行为背后的其他原因。因此，这种治疗方法既没有得到广泛的支持，也无法呈现出良好的治疗结果。

为了让心理分析的过程更愉悦、更有效，许多现代治疗师发明了更简便的治疗方法，增加了患者与治疗师之间的互动。此外，他们的关注点也转向患者当前遇到的问题，而不是分析患者在童年时期遭遇的不幸。现代治疗师不相信人类仅仅是被生理需求驱动的动物，他们认为人类有能力做出理性的决策。随着这些改变的发生，心理分析疗法也开始展现出一定的治疗效果。但无论如何，心理分析疗法已经不再是一种常见的心理治疗方法。

谈话治疗：如何坦述你的痛苦

尽管现代研究表明弗洛伊德的理论并不完全准确，但弗洛伊德的确意识到与专业人士谈话对治疗心理疾病有益。正是因为弗洛伊德的贡献，我们才能从现代的谈话治疗（又称精神疗法）中受益。这一术语涵盖了多种心理保健形式。但是，现在有许多治疗师都会用谈话治疗进行自我推销，所以我希望你充分了解它的含义。谈话治疗看似非常简单，其前提是谈论那些正在困扰患者的问题能让患者感觉好些。它让患者回顾自己经历的事情，表达对这些经历的想法，并获得一种全新的视角。

我也会采用谈话疗法，因为它赋予了治疗师从不同的治疗中选择不同技巧的能力。谈话治疗之所以存在，是因为几乎每年都会出现一种新的治疗方法，治疗师们要针对这种新疗法进行大量的学习、训练和实践，这让他们倍感压力。与其通过大量实践去学习一套特定的技巧，不如通过谈话治疗学习一些新的治疗形式，然后选择最适合患者的、最符合患者要求的工具和理论。

谈话疗法从患者见到治疗师的那一刻就已经开始了。当你见到治疗师，在思考自己是否喜欢这位治疗师的同时，治疗师也在认真地搜集你的信息。这就如同一次奇怪的约会，你的约会对象不会跟你讲述他的任何事情，却想全面了解你的生活。我通常会提出一些简单的问题，比如“是什么让你来到这里的？”或者“你决定做这次预约，到底是因为什么事情？”通过这些问题，我不必浪费时间去了解情况，患者自己就说出了原因。我还会询问患者过去接受的治疗，例如“你服用过哪些药物？”“接受过哪些治疗？”以及“你认为这些方法的效果如何？”

接诊时，治疗师会提出一些问题，以确保他们了解了患者的病情以及病情的严重程度。然后，治疗师会和患者一起制订一份治疗方案。制订治疗方案是为了引导患者回归正常的生活轨道。它可能是一张需要患者填写的正式表格，也可能是一些与患者的治疗目标、进展和症状相关的说明。无论采取何种形式，我确信所有疗法都会涉及治疗方案，这样才能为身为患者的你提供帮助，并确保没有浪费你的时间和金钱。非常重要的一点是，你必须清楚自己要达到什么目标，同时还要定期检查自己的进展情况。如果你的治疗师从来不跟你讨论治疗方案，或许是因为他们更喜欢将治疗方案留给自己作为参考。但你要知道，你可以要求治疗师向你解释治疗方案。

谈话疗法的目的是帮助你更好地管理你的心理问题或心理失调。之后，根据你和治疗师讨论的目标，你可以试着去面对曾经的伤痛，找出导致这种伤痛的深层原因。这就是我喜欢谈话疗法的原因：患者可以采取各种方式与治疗师合作，让治疗符合患者的具体需求。下文提到的各种治疗方法都是治疗师为了让患者获得更好的治疗而采用的方法。

认知行为疗法（CBT）：短时高效的认知重建

毫无疑问，认知行为疗法是目前最受欢迎的一种治疗方法，它是一种专注度较高的短期行为疗法，旨在帮助患者找出信念、想法、感受和行为之间的联系。换言之，在某些情境下，人们的行为是由想法决定，而不是由具体事件决定的。因此，如果想办法改变人们的想法，就能相应地改变人们的感受和行为。改变这些想法的过程被称为认知重建，重建的内容则是那些歪曲的、脱离现实的想法。

当我们感到抑郁时，就会觉得任何事情都不顺利，而且会一直抱有这种想法。因此，采用认知行为疗法的治疗师认为扭曲的思想就像一副厚厚的眼镜，戴上这副眼镜后人们便无法客观、清晰地观看这个世界。认知行为疗法就像一位眼科医生，为你开出正确的处方，帮助你最终看清周围的世界。

首先，认知行为疗法会让患者意识到某些想法发生了扭曲。我经常对我的患者进行“思路追踪”，即追踪患者在无意识状态下经常冒出来的想法，并记录下来，在下次会面时给患者看。然后治疗师会帮助患者确认哪些想法发生了扭曲，并告诉你采用什么方法来反驳这些扭曲的想法。这样做可以帮助患者放弃非黑即白的极端思维、停止关注那些小题大做的想法。

认知行为疗法用时较短，且重点在于帮助患者解决具体问题，因此是许多心理疾病治疗方案的组成部分。它最常用于治疗抑郁症、焦虑性障碍、失眠症、强迫症、饮食失调和恐惧症。我相信只要方法得当，认知行为疗法可以帮助每个人，因为我们每个人偶尔都会产生一些错误的想法或观念。心理治疗师在谈话期间的主要任务是向患者提问，找出患者对自身或所处环境产生错误想法的根源。

以下的这个例子展示了认知行为疗法的治疗过程，假设你正在为即将进行的工作展示会焦虑不已：

“我一定会搞砸这次工作陈述的，我敢肯定！”

“如果你搞砸了，这意味着什么？”

“这意味着我的工作能力很差。”

“如果你的工作能力很差，又意味着什么？”

“意味着我毫无价值，什么事都做不好。”

“怎么理解毫无价值？”

“就是没有人会喜欢我，我妈妈也经常这么说。”

显然，这就是一次治疗谈话的浓缩版，但认知行为疗法的目的是找出错误想法的根源。在这个案例中，根源或许就是“没有人会喜欢我”。一旦治疗师获得了这一信息，他们就可以帮助患者检视是否是这种想法导致了患者的所有行为，然后会为患者提供一些工具，让患者在出现这种想法时提醒自己，进而逐渐减少这种想法出现的频次。

辩证行为疗法（DBT）：用健康的技能管理冲动

辩证行为疗法是认知行为疗法的衍生。两者都会采用许多相同的方式改变扭曲的想法，同时调节患者的情绪。辩证行为疗法诞生于20世纪初，其目的是帮助边缘型人格障碍患者摆脱疾病的困扰。我们无须准确地知道边缘型人格障碍是什么，只需了解，边缘型人格障碍患者对周围环境的感受强度大于常人，这使他们在面对令人不安的事情时难以管理或控制自己的情绪。因此，辩证行为疗法的重点是为患者提供工具，帮助患者更快地识别自己的情绪，找出情绪的来源，并应对这些情绪。

辩证行为疗法是一种高强度的治疗方案，要求患者每周参加单独的或者小组形式的心理治疗辅导。每次约见结束后，患者还必须完成治疗师布置的额外任务。联合采用两种形式的心理治疗辅导是辩证行为疗法的关键。治疗师认为单独辅导可以将自杀的想法和各种情感问题排除在小组辅导之外；而在小组辅导中，患者将学习辩证行为疗法中的所有特殊技能，并在社交活动中去应用这些技能。辩证行为疗法包括 4 个主要模块：正念、痛苦承受、情绪调节机能、人际效能。

多年以来，辩证行为疗法被用于治疗各种情感障碍患者（如抑郁症或躁郁症患者）和长期怀有自杀念头的人。我在自己的医疗实践中用它治疗饮食失调、药物滥用和各种自我伤害行为。从一开始，辩证行为疗法的目的就在于治疗那些难以适应其他治疗方式的患者，因此治疗师和患者之间的联系至关重要。

在治疗谈话期间，治疗师要无条件地接受患者的感受和经历，同时指出可能阻碍患者改善症状的具体想法和行为。当我和我的患者一起练习时，我们大部分的时间都用于管理各种自我伤害行为，以及小组中可能出现的任何其他问题。我让我的患者跟踪他们的情绪和不良冲动，然后我们一起找出更健康的方式来应对情绪波动。

我知道“更健康的应对方式”这几个字表达的含义有些含糊不清，所以我将在这里举例来说明。首先，假设每当你度过非常糟糕的一天时，就会选择暴饮暴食。此时，前往自己最喜爱的速食餐厅的冲动强烈地吸引着你，这是你唯一能想到的事，最后你屈服了。之后，你对自己深感失望，觉得自己太软弱了。在治疗中，治疗师试图将暴饮暴食这种不健康的应对技巧替换为其他更健康的活动，例如给朋友打电话发泄一通，将所有压力投入到一项拖延了很久的项目中去，或者只是让自己投身于另一件事以此转移自己的注意力。分散注意力的方法很多，比如涂色游戏、洗澡、写日记，甚至是散步。治疗师发现，大约五种健康的技能才能替代一种不健康的冲动，所以在决定屈服之前，请确保你至少尝试过 5 次。而且，我们越能拖延不健康的冲动，这种冲动就能越快消失。下面是收看我的视频的一位观众与过度消费恶习进行斗争的例子。

> 我从未想过喜欢网购会变成一个问题。但当我丢了工作之后，我迅速地明白自己不能再这样下去了。我的信用卡被刷爆了，每月只能维持最低生活开销。这辈子我从未陷入如此窘迫的境地。更令我沮丧的是，我母亲说如果我愿意接受心理治疗，她将承担所有的治疗费用。因为这件事我跟她吵了一阵子，但最终我让步了。治疗真的很有用！虽然做起来并不容易，我还是会经常过度消费，但现在的我在购物之前会查一查自己的购物清单。以下是一些很有用的小建议：
>
> ◎等待 24 小时。如果我喜欢某件东西，我必须等待 24 小时后再决定购买，以此确定自己是否真的喜欢和需要这件东西。
>
> ◎在日记中记录自己每天的情绪和感受。如果方便的话，我还会给朋友打电话倾诉。
>
> ◎读一本好书，或者在 Netflix（网飞）上看一部不错的电视剧，用这种方法分散想购物的注意力。

◎进行户外活动。当我和朋友一起外出或者散步时，就不会把时间都花在网购上了。

◎问问自己能不能现金付款。如果答案是不能，那我就不会买，把它留在购物车里。

我知道自己距离目标还有很长的路要走，但我明白，这个列表可以让我不再草率地做出让人后悔的决定，它甚至让我明白了为什么我总是花钱如流水。我现在需要做的就是说出我的感受来。

本质上，这就是用更健康的行为取代做坏事的冲动。要做到这一点需要大量的练习和努力，但只要掌握了正确的注意力分散技巧和工具，你就能找到管理生活麻烦的健康方法。

集体疗法：向孤军奋战告别

我还要简要地为大家介绍集体疗法，因为它对我们的康复过程有很大的帮助。许多不同的治疗方法中都会采用集体疗法。我自己也运营着辩证行为疗法治疗小组、焦虑症治疗小组和饮食失调治疗小组。它们的效果都不错，因为集体疗法不仅能让患者学习别人的经验，还能不断提醒患者，他们并不是孤军奋战。我也会建议我的患者加入某个小组，这样他们就能在一个安全的治疗环境中使用各种新技能。

集体疗法可以由一个或多个治疗师（取决于治疗小组的规模）负责，并且通常会基于某个问题遵循某个标准。换言之，如果患者正在治疗焦虑症，那么小组长在每周的治疗中会采用焦虑症工作手册或某种特殊的治疗方法为患者提供指导。每次心理辅导都会采用一种方法，并每周都会给组员布置家庭作业。大多数治疗小组在治疗过程中都会遵循一套严格的规定，通常包括以下内容：

◎**保密**。小组内部进行的谈话具有完全的私密性。

◎**保证出勤率**。除非有紧急情况，加入治疗小组就必须出席每次小组会议。

◎**禁止插话**。当一个人在分享自己的经历时，其他人禁止评论或发表意见；其他人需要做的是倾听和表示认可。

◎**可随时退出**。不强迫任何人回答问题或分享他们不愿分享的经历。

◎**禁止暴力、霸凌或恐吓行为**。

◎**禁止滥用药物或酒精**。不欢迎酗酒者加入治疗小组。

◎**禁止恋爱关系**。两位组员展开恋爱关系会在小组内制造一种令人不快的氛围；一旦分手，会令双方都难以继续接受小组治疗；此外，小组内会经常举行分享活动，恋爱问题也会被经常谈及。

◎**关于治疗终止**。由治疗小组和治疗师共同决定某位组员是否应该离开小组、何时离开以及小组治疗的结束时间。

公开说明这些事情可以避免组员的情感受到伤害，让所有人都感到自己是治疗中的一部分。

小组疗法只是对个体疗法的重要补充，除非你状态良好，只是想寻找一种获取支持的方法，你可以选择只采用小组疗法。一般情况下，加入小组治疗的患者都需要进行分享，或许你在某一周不愿意分享，但如果这时候小组治疗是你获取帮助的唯一渠道，情况就变得不妙了。因此，如果你打算选择小组疗法，必须确保你有一位可以每周定期拜访的治疗师，或者你只是将小组疗法看作一种与经历类似的人建立联系的方式。

家庭疗法：人人都有发言权

家庭疗法是另一种重要的补充疗法。因为仅靠自身努力似乎还不足以修正我们与家庭成员之间的互动关系。或许所有人都会认同这种说法：人们当下面临的困难都可以追溯至多年前的事情或某种家庭环境。这或许可以解释为什么你总在扮演和事佬的角色，或者为什么你总向其他家庭成员发泄怒火。无论是哪种情况，参与家庭治疗可以让患者认清自己在家庭系统中扮演的角色，让家庭关系变得更和谐。

与小组疗法一样，家庭疗法也会采用各种治疗方法。每个家庭成员都有单独谈话的机会。如果有必要，家庭疗法也可以作为个体化疗法的补充。小组疗法与家庭疗法之间的区别在于，前者关注个体情况，后者关注家庭的整体状态。家庭系统理论认为，家庭就像一个系统，系统中的各个部分共同工作使其正常运转或功能失调。这意味着每个人都在家庭中扮演着一个角色，所有人一起维持着这个系统的运行。该说法有合理之处，但家庭疗法的总体目标是让家庭成员认清自身的角色（无论这个角色对整个家庭系统是有益的还是有害的），并在需要时改变自己的行为。

我喜欢把家庭看作一场舞会。如果出现了不和谐的场景，就意味着有人在跳舞时伤害了其他家庭成员（如果没有伤害全部家庭成员，那么至少也是伤害了其中的一位家庭成员），也许是踩到了他人的脚趾或者撞到了他人。这种状况发生时，也往往会有一个人出来充当替罪羊：作为家庭中的一员，他身上可能有着所有其他家庭成员的毛病。他可能是在学校里行为顽劣、成绩垫底的孩子，也可能是对配偶不忠的家长。即便如此，仍有不少人认为这些只是个人问题。家庭治疗师会努力查明家庭中出现的问题，避免家庭成员做出有害行为。一旦治疗师判断出每个成员在出现不和谐场景时扮演的角色，就会开始要求家庭成员挑战自我，让他们改变自己的行为，并让他们反馈新行为是否改善了舞会的氛围。

因为家庭疗法可以构建和支持整个家庭体系，所以家庭疗法能够帮助患者解决许多问题。该疗法被认为是效用仅次于认知行为治疗的治疗方式，对酒精依赖、躁郁症、饮食失调、精神分裂症等疾病的治疗效果显著，因为治愈这些疾病离不开整个家庭的支持。

暴露疗法：没有想象的那么可怕

该疗法的名称可能引起误导，似乎是逼迫患者面对自己害怕的事物，而不顾及患者的意愿。但事实并非如此，暴露疗法是治疗恐惧症和焦虑的最佳疗法，其疗程用时短，且患者的复发率低，是帮助患者克服恐惧心理（如害怕苍蝇、蝙蝠等）的最佳疗法。

如果你害怕某件事物，自然就会极力逃避。但如果你提防的事物总是不断地出现，而你需要更费力地去逃避，那你的恐惧症就会越来越严重。直面令人恐惧的事物实际上会让这些事物远离你（听起来似乎有违常理），这就是暴露疗法疗效卓著的原因。

采用暴露疗法首先需要找到适合自己的放松方法。可以是呼吸法、冥想、涂色等，这由你决定，只需保证方法有效，能够让你在面对恐惧的时候镇定下来。其次，给焦虑程度分级，因为恐惧症与焦虑有关。0 级是你最放松的状态，10 级则表示你完全不知所措。焦虑分级能让你和你的治疗师知道如何开始治疗。

治疗过程中，首先你可以想象自己在做一件与惧怕的事物相关的事情，然后努力让自己镇定下来。之后，你可以回想一遍刚才的骇人画面。如此反复练习，你就能提高镇定能力。去做你害怕的事情，或直面你害怕的事物，最终你会发现原本觉得可怕的事物并非真的如此骇人。

暴露疗法可以通过多种方式进行，这取决于你和你的治疗师。一些人喜欢采取上文所述的循序渐进的方式，另一些人喜欢采取更激烈的方式。你必须始终信任你的治疗师，和治疗师一起待在治疗室时你感到安全，这是确保治疗成功的关键因素。

有研究表明，暴露疗法能够帮助患者治疗恐慌症、广泛性焦虑症、创伤后应激障碍、恐惧症、社交焦虑症、强迫症。

眼动脱敏与再处理：从创伤中更好地回忆

眼动脱敏与再处理是一种颠覆传统的疗法，它通过眼球转动来帮助患者加工处理创伤性经历。眼动脱敏与再处理疗法是否可行仍存有争议，但在美国已有两万多名心理健康领域的专业人员接受了眼动脱敏与再处理培训，目前该疗法还得到了美国精神病学会（American Psychiatric Association）、美国退伍军人事务部（The Department of Veterans Affairs）、美国国防部（The Department of Defense）及世界各地的其他机构的支持。

虽然眼动脱敏与再处理的治疗原理仍在研究中，但人们相信眼球的快速转动可以帮助大脑加工创伤性经历发生时无法加工的信息。人们在睡眠时有快速眼动期（Rapid Eye Movement），人们认为在这段时间里，大脑会加工白天的经历。因此，如果快速眼动期的时间越长，大脑加工的信息就越多。但到目前为止该理论还停留在假设阶段，许多研究工作仍有待完成。

因为眼动脱敏与再处理是帮助人们加工创伤性事件或痛苦事件的一种方式，所以它被用于治疗创伤后应激障碍患者，或是帮助经历了创伤性事件的人。因为眼动脱敏与再处理是一种短期治疗方法，且主要针对心理创伤，所以其与集体疗法、家庭疗法一样，也是对个人治疗的补充。

眼动脱敏与再处理治疗开始前，临床医生会引导患者做各种动作。他们可能会让患者的目光跟随他们的手指或一盏灯，让患者从左往右看，或者轻拍患者的身体左侧或右侧，让患者双手拿着蜂鸣器，或者让患者听耳边的声响。这些动作均需从左至右依次进行，这是眼动脱敏与再处理疗法的要求，最重要的是，这样做确实有效果。

治疗正式开始后，治疗师会引导患者转动眼球。在确保患者感到安全的同时，让患者描述自己的痛苦经历。如果患者开始感觉不适，治疗师便会引导患者从痛苦情境中走出来，然后带领患者进入另一个更积极的情境，这样就能让患者继续治疗，且确保患者不会再次受到创伤。如此反复多次，直到患者可以处理自己的痛苦回忆。治疗结束后患者对痛苦经历的记忆通常会变得积极。

我已经向多位患者推荐了眼动脱敏与再处理治疗，他们都取得了不错的治疗结果。我第一次推荐眼动脱敏与再处理的对象是一位女患者。这位患者在成长过程中一直受到虐待，我对她进行过多次心理疏导，但她的情况完全没有好转。

我使出浑身解数，她也十分配合，而且付出了许多努力，但受虐待的经历仍然持续困扰着她。我们双方都竭尽全力，但没有取得理想的结果。作为一名治疗师，当我的治疗效果不佳时，职业道德要求我必须寻找外援。

经过了几个月的眼动脱敏与再处理治疗，这位患者从创伤中走了出来。她可以完整地讲述曾经的创伤经历，不再出现惊恐发作或闪回症状[①]，终于可以积极地继续生活了。当然，每个人都有其个体差异性，人们对于眼动脱敏与再处理疗法仍有许多方面需要了解，但如果你发现自己患有心理问题，知道有眼动脱敏与再处理这种选择也是有益的。

艺术与音乐疗法：心灵的联结总是相通的

我将艺术和音乐这两种疗法放在一起介绍可能会让一些人感到失望，但本章的目的是让大家了解不同类型的疗法，而不是安抚脆弱的心灵。艺术与音乐是两种沟通方式。欣赏你最喜爱的艺术家的作品，读一读他们为作品写的简介，这样你就能体会他们在创作作品时的心路历程。音乐也是一样，歌词、节奏、使用的乐器都能传递丰富的情感。许多人可以通过音乐或艺术达到更佳的沟通效果，所以目前这两种疗法都常被治疗师使用。

在治疗的过程中，患者可能会不知所措，想要努力组织语言来详细说明自己的感受。这会让患者感到挫败，甚至会让患者认为治疗不会产生任何作用，甚至放弃治疗。艺术与音乐疗法帮助患者用另一种方式进行表达，因此患者不会感到孤立无援或不知所措。人

① 闪回症状是指患者不由自主地、反复地回忆伤害事件的图像，并伴随着强烈的情绪反应和生理反应，使患者处于惊恐和痛苦中无法自拔。——译者注

们通常认为这两种治疗方法更适用于儿童，其实并没有年龄限制。释放情绪对儿童和成年人的心理健康都是有益的。

无论是在治疗中还是在生活中，艺术或音乐都有助于人们表达内心的情感。但是如果治疗师要通过艺术或音乐帮助患者恢复健康，则需要经过专业培训并获得正式认证。正如前文一再强调的，你不妨向治疗师询问他们接受过什么样的培训，是否获得认证。毕竟，治疗会花费你的时间和金钱，而且关乎你的心理健康状况。

艺术和音乐疗法能舒缓患者的紧张情绪，让患者自由表达，因此有助于治疗抑郁症、焦虑症、创伤后应激障碍（PTSD）、物质依赖和注意力缺乏多动症（ADHD）。

艺术与音乐疗法适用于集体和个人。如果患者能流畅地表达，治疗师则会引导患者，确保患者精力集中且心情放松。一般情况下，在一次（或多次）治疗中，治疗师会围绕一个主题、一种体验或一个问题，要求患者在创作音乐或艺术作品的过程中思考这个问题。艺术和音乐疗法的主要局限在于：如果患者无法全情投入，无法严肃对待治疗，就不会产生疗效。这并非要求患者必须达到艺术家或音乐家的境界才能取得良好疗效，而是要求患者在治疗过程中保持开放的心态。

相比对的方法，“对的人”更重要

在本章中，还有许多疗法我并没有提及，因为它们要么不重要，要么还未普及。如果你依然无法充分了解这些种类繁多的疗法，那就记住一点：找一位你喜欢的治疗师比选择治疗方法更重要，并且你要相信治疗师会帮助你，相信一切都会好起来。

此外，如果你对心理治疗方法还存有疑问，那么你可以咨询你的治疗师。当治疗师介绍自己会采用多种疗法，或提到自己受过专业培训并获得了专业资质时，你可以让他们进行更详尽的说明。我保证,这样做法是完全合理的。既然你需要治疗师为你提供治疗，那你至少应该知道他们是否拥有专业资质。假如你需要进行心脏手术，你一定会确保执刀医生是如假包换的心外科医师，那么治疗心理疾病时为何要冒险呢?

第 6 章

第一次看心理医生也不必担心

为第一次预约治疗做准备时，

心中有好多小问号

我们已经了解了心理健康专业人员的分类，也了解了各式各样的治疗方法，接下来就要进行第一次预约治疗了。万事开头难是因为存在许多未知因素。你的心里可能会冒出许多问题：我会喜欢他们吗？他们会问什么问题呢？如果我突然一句话也说不出来该怎么办？作为一名执业多年的治疗师，我可以向你保证，在我的治疗过程中你什么也不用担心。

或许对于患者而言，在第一次治疗时大声地说出自己的内心所想是件困难的事，但无须害怕。治疗师会聆听你的倾诉，为你设定目标，并帮助你实现目标。此外还需要做的事情就是统筹安排，但你依然不必担心，治疗师也会帮你轻松解决这些事情。

“预约”通常是指患者给想约见的治疗师发送一封邮件（有些治疗师配有助理或业务经理，但是大多数的治疗师没有配备）。为预约做好准备能有效缓解压力和焦虑，并确保你已经给治疗师留下了信息，做好了预约安排。你不必告诉治疗师你的所有人生经历，也不必详细描述你的所有症状，但有些事情是你必须要让他们知道的。

让他们知道你的全名和年龄。我知道这话听起来多余且愚蠢，但如果你了解真实情况（许多人在和我预约时忘记留下这些信息），你一定会感到惊讶。年龄信息是非常重要的，因为有些治疗师仅为特定年龄的患者治疗，比如我只治疗成年患者。另外，你需要简要地告诉治疗师你的困扰以及被困扰的时长。我通常会让我的患者说明他们的症状，而不是他们的故事。以下是一封患者的预约邮件：

> 你好，卡蒂，我是莎莉。我是一名 38 岁的女性，我认为自己得了焦虑症，想找治疗师看看。在过去的几个月里，我感觉自己心跳加速，有时候喘不过气来。这种情况在我工作或会见朋友们时变得尤为严重。上周我去看了医生，他推荐我去找治疗师。

将你的困扰和感受告知给治疗师，可以帮助他们确定自己是否能为你提供有效的治疗。此外，告诉他们你的症状持续时间，让他们可以评估所需的治疗强度。在一次 50 分钟的治疗中，你有时间详细地说明你的症状，因此预约邮件应该简洁明了。

接下来，治疗师会和你谈到治疗费用，所以你需要为支付治疗费用做好充足的准备。你是否有保险？是否要使用保险？治疗师是否接受保险计划？如果按浮动费率制计算费用（浮动费率制是指不按全额费用支付，而是按患者和治疗师协商的费率支付），预约时也是向治疗师询问收费标准的好时机。我知道很多人一谈到钱就变得拘谨，讨价还价的时候更是如此。但最好先了解需要多少费用，这样才能避免治疗结束后发现竟然需要支付300美元的尴尬情况。而且，相较于面对面地商量，通过语音邮件或电话确定费用会更容易些，所以最好在预约时就谈好费用。

最后要和治疗师确定好见面时间，并留下你最常用的联系方式。如果预约者留下的电话不是私人电话（比如出租房电话或公司电话），我便会询问给他们电话留言是否方便。预约时需要注意的事项就是这些。在必要的情况下，你可以照搬以下这个示例：

> 我有蓝盾保险[①]，我想使用保险来支付诊疗费用。如果您不接受该保险，但收费合理，我也愿意自费。请告知您每小时的费率，谢谢！周二、周三的下午和晚上我有时间接受治疗。我的电话号码是555-7230，您可以给我回电或留言。非常感谢您！

就像赴一场期待已久的约会

第一次治疗如同一场单方面发起的约会。需要在候诊室填写一些简单的资料，比如你的基本信息、病情以及治疗史。填写完毕后，

① 加州蓝盾保险公司，成立于1939年，总部设在旧金山，为全加州提供广泛的商业和政府保险产品。——译者注

你就可以告知治疗师你已经到了，告知方式通常是按下一个按钮（治疗室的提示灯会亮起来，治疗师会知道患者已经在候诊），接下来你就可以准备接受治疗了。一次奇怪的约会就这样开始了。治疗师会查阅你填写的资料，若有些地方填写得不清楚，他（她）会向你提出疑问。在此过程中，治疗师会对你有更深入的了解，以便为你提供更有效的治疗。

这只是概括性的说明，每个治疗师的具体操作可能会有所不同。正如上一章提及的，有些治疗师会关注你的人际关系，有些则会关注你在所处环境中的活动能力。为了让你更形象地了解第一次治疗时的情况，我以自己的接诊过程为例：

我："非常感谢你来到这里，并填写了这些资料。如果你觉得没问题，我想现在跟你一起把这些资料过一遍。"

患者："可以。"

我："好的。你经常感到孤独，觉得自己可能患有抑郁症，想寻求这方面的帮助。对吗？"

患者："没错。我经常无缘无故地哭起来，最近连按时上班都做不到了。我想在丢掉工作之前控制住这种情况。"

我："我完全理解，我们会想办法让你尽快好转。你在资料中写道你曾经接受过治疗。你能否说得更详细一些，比如当时你是如何决定要去进行治疗，而又为什么终止了治疗？"

患者："好的，我以前确实接受过治疗，但那是大概八年前的事了。那时我刚从大学毕业进入社会工作，经常感到失落，所以我的母亲建议我接受治疗。起初治疗是有效果的，但是我总是跟治疗师不太合拍。所以我想找一位新的治疗师。”

我："我明白了。我很高兴能为你提供帮助，你说的没错，找到自己喜欢的、配合默契的治疗师是让治疗起效的关键。”

以上对话可以让你了解第一次治疗的情况，也能让你知晓治疗师会问的问题。总而言之，在第一次治疗中，患者最应该做的事情是保持坦诚。我总是告诉我的视频观众和患者，如果治疗师不了解你的情况，就无法帮助你。在你可以接受的范围内，要为治疗师提供尽可能多的信息，这样治疗师才能采用最适合你的技巧和方法。反之，治疗师采用的治疗方法可能毫无益处，甚至做出错误的判断。

如果你担心自己过于沉默，面对治疗师时完全无法表达，那么你可以提前练习你想表达的内容。我知道自言自语或许有些古怪，但是第一次见面时就跟对方大声地表达内心想法确实很难做到，所以你可以自己预先练习，从而减轻不良反应，并逐渐适应这种方式。

此外，我建议你将重要事项记录下来，治疗时把重要事项列表一并带上。我所说的“重要事项”是指你的症状、你最大的困扰，以及你期望的治疗效果。根据这 3 个方面，治疗师可以判断自己是否能够为你提供治疗，并开始制订治疗计划。

初次预约治疗过程中会经历什么?

你可能觉得第一次治疗的时间很短，来不及和治疗师详细交谈，治疗便结束了。所以，请带上你的重要事项列表，并预先练习你想要表达的内容，说出你想说的全部事情。你能与治疗师分享多少信息取决于你的语速快慢。一些人极其健谈，说了很多，但词不达意，东扯西拉了 40 分钟，直到治疗师打断他们的讲述，并插入一些有用的方法和建议。另一些人却沉默寡言。所以，按照自己喜欢的步调进行治疗即可，毕竟这是为你提供的治疗，理应按照你的步调来进行。

很多患者问我为什么标明一小时的治疗只持续了 50 分钟。有些人甚至感到不满，觉得自己支付了“一小时”的费用，却少了 10 分钟的治疗。一次治疗时长按 50 分钟计算有其原因。在接诊不同患者的时间空档里，治疗师还有其他事情需要处理，如果将时间表安排得过满，治疗师的工作将变得异常忙乱。

治疗并不是汽车换油或理发，它不能保证每次都准时结束，因此治疗师可以用剩余的 10 分钟总结对话、完成支付、做一些必要的记录。如有需要，治疗师还可以去一趟卫生间。在接诊不同患者的间隙里，治疗师都有许多事情需要处理，我相信自己一定不是唯一一位需要挤出时间吃些点心的治疗师。实际上，10 分钟根本不够用，治疗师经常会加班加点。

所以，请不要认为 50 分钟的治疗时间只针对你一个人，或是认为治疗师克扣了你的完整治疗时间。他们可能刚匆忙地结束了上一位患者的治疗，或者刚吃完从家里带来的格兰诺拉燕麦棒[①]。

为什么要多次赴诊?

当患者选择了一位治疗师，预约好治疗时间，也鼓起勇气准备赴诊，但在出发前他们却可能会因为不喜欢与治疗师会面而感到万分沮丧。患者在第一次会面时可能会产生很大的心理压力，不知如何表达，但正如前文所述，治疗期间的时间又过得很快。因此，在确定治疗师是否合适之前，你应该与治疗师多见几次。

第一次治疗时，治疗师会重点询问你的个人信息、经历，以及你在生活中遇到的困扰，需要获取的信息太多，以至于50分钟的治疗时间被安排得满满当当的，所以在接下来的几次治疗中治疗师会继续完善这些信息。就像与新朋友见面或第一次约会，我们需要花费一定的时间来判断自己是否喜欢对方，是否要和对方继续见面。治疗师也是普通人，他们也会有难过或心烦的时候，所以在第一次会面时就轻率地对治疗师做出判断并不是明智的选择。以下的例子可作为参考：

> 最初的几次治疗特别难熬，我在离开的时候完全不知所措。我觉得自己的治疗感受与治疗师有关，我一直不确定这种治疗方法是否适合我。虽然我喜欢这位治疗师，也认为她

① 一种用坚果、谷物和种子混合制成的早餐食品。——译者注

> 非常友善，但我还是觉得自己的大多数事情不能告诉她，我也不确定是否还要找她继续治疗。几个月后，我终于确定治疗是有效的，尽管治疗的过程很艰辛。我很高兴自己熬过了艰难的前几个月。在这期间我了解了我的治疗师，而且感觉到她可以帮助我。

在这个例子中，你会发现这位患者花了几个月的时间才对她的治疗师做出判断，而每位患者的情况都是不同的。正如前文所述，只要你喜欢你的治疗师，愿意和他们交谈，而且认为他们在支持你、与你共闯难关，你就应该继续治疗。

以我的经验，找到一位自己喜欢的治疗师并不困难。这并非因为我善于接纳别人，或者拥有快速对治疗师做出判断的方法。真正的原因在于，我拥有丰富的人生阅历，非常善于识别他人。我能快速判断出对方是在真情流露还是在胡说八道，也能判断我和对方是否气味相投。总而言之，将治疗师当作一位潜在的朋友，就能帮助你早日找到适合自己的治疗师。如果你觉得自己无法快速找到心仪的治疗师，我列出的以下问题可以供你在第一次治疗时参考：

1. 你是否可以自如地和治疗师进行交谈？即便你认为交流得并不顺畅，或是在交流过程中你感到紧张不安，你是否仍然认为自己能够努力完成治疗？
2. 你喜欢待在治疗室里的感觉吗？这似乎是一个细节，但却能判断你能否敞开心扉进行交流。这一细节对治疗效果有着非常重要的作用。

3. 你期待接受治疗吗？我知道接受治疗是一件辛苦的事情，患者有时候会产生厌烦情绪，但是，不排斥接受治疗这一点很重要，即便只是去和别人谈谈生活中发生的事。

我希望以上的3个问题能够帮你找到合适的治疗师。我知道寻找治疗师的过程不会一帆风顺，但在寻求与他人开展合作时你要相信自己的直觉。无论你承认与否，人们通常都能很清楚地判断自己是否喜欢某人。所以，充分利用你的直觉，最终你一定能找到一名优秀的治疗师。

时间界限与专业操守

有些书会用很长的篇幅介绍这个主题。但为了节约时间，也为了避免让你觉得本书枯燥，我只介绍心理治疗涉及的时间界限和专业操守。

首先，治疗师并不能随叫随到，了解这一点很重要。有些人可能认为治疗师像医生一样可以提供全天候的服务，但事实并非如此。如果你有紧急情况需要立即联系治疗师，可能在几个小时之后才能收到回应。所以当你遇到危急情况时，大多数心理健康专业人员会让你前往医院或拨打911。

若非紧急情况，要尽量避免在非治疗时间联络治疗师。因为心理治疗的整体目标是让患者的病情好转，最终自主地做出有益于自己身心健康的选择。尽管不同的心理疾病和治疗专业要求的治疗时间不同，但总体目标都是让患者无需再接受治疗。

此外，在非治疗时间患者要与治疗师保持一定距离，这样能确保患者将治疗师看作专业人员，而不是将治疗师当成朋友。这听起来可能会令人不快，但是，请记住前文所讲的朋友关系和治疗关系的区别。出于这些原因，患者需要将治疗师看作专业人员和向导。

患者不应太关注治疗师的私人生活。如果患者过于了解治疗师，将会干扰治疗工作，使患者在和治疗师交流时无法敞开心扉。例如，如果患者知道治疗师会去教堂做礼拜，但患者却没有相同的宗教信仰，那么在谈及宗教信仰时患者便会感到不自在，最终可能导致患者中断治疗。所以，患者只需关注治疗，而不是关注治疗师个人或治疗师的私人生活。

治疗师接受的教育要求他们在执业过程中尽量做到不带偏见，这意味着治疗师需要屏蔽来自外界的任何判断或观点，客观公正地聆听患者的想法，以最适合患者的方式为其提供帮助。来自外界的判断或观点涉及宗教信仰、政治信仰，甚至包括生活方式的选择。治疗师不应告诉患者什么是对的，什么是错的，他们只能让患者关注某些事物，聆听患者对这些事物的想法和观点，并帮助患者实现目标。

因为患者向治疗师支付了费用，请治疗师聆听他们的心声并指引他们实现目标，所以患者也需确保治疗师有责任心，能定期开展治疗，认真聆听他们的倾诉，将他们的治疗目标牢记于心。这些事情听起来似乎理所当然，但如果你知道我的患者中有多少人曾遇见过毫无职业操守的治疗师，你会大吃一惊。以下是一个典型的案例：

> 我和我的妻子曾经接受过一名治疗师的治疗。那位治疗师不仅记不清细节，还一次又一次地忘记我妻子的姓名。在许多次的治疗中，他叫错了我妻子的名字，而且每次都是不一样的名字。我们容忍了很长的一段时间。在我们最终放弃治疗之前，我冲他发了火，提高嗓门说："你的笔记本电脑里有记事本……你记下来啊！"

患者希望治疗师记住自己的名字完全是合理的要求。在治疗过程中，治疗师应保持清醒，认真听患者讲述，要求患者详细说明某些情况，或引导谈话的走向。我明白这些事情都是理所应当的，但我时常听到如上述一样的令人震惊的事情，所以我想确保大家知道什么事是治疗师应该做的，而什么事是治疗师不应该做的。

与从事其他工作的人一样，有些人游刃有余，有些人却顾此失彼，心理健康领域也是如此。治疗师也是普通人，他们也有情绪不好、状态不佳的时候。但总体上，治疗师应该按照约定为患者提供治疗，在必要时为患者提供工具和方法，做好自己的本职工作。

“哦，你只是被抓伤而已吗？”

经过多年的实践，我意识到心理治疗是件神奇的事。不少患者遇见了我眼中的“糟糕的治疗师”，并持续接受了多年的治疗，却一直不明白自己的病情为何没有好转。还有些患者找到我，向我询问他们的治疗师的做法是否正确，或他们应该注意哪些事项。既不清楚治疗方案和治疗目标，也不了解治疗标准，这是完全错误的。

如果你最终做出了寻求帮助的决定，那你应该具备一定的判断能力，判断这种帮助是否符合道德标准、是否对自己有效。因此我想与大家分享一些警示标志，如出现这些标志，则意味着你们找的治疗师非常糟糕。

第一，患者说过的话，治疗师一句都记不住。刚才我分享了一则患者的故事，其实有不少的治疗师不仅记不清患者的名字，甚至记不清影响他们人生的贵人的名字。这是极端无礼的行为，不利于与患者建立信任关系。治疗的初期，患者可能需要重复朋友或家人的名字，但经过最初的几次提醒后，治疗师应当能记住这些名字。

我知道有人认为手写记录这种做法已经老掉牙了，但是我还是坚持手写所有的记录。这样我就能在治疗的间隙简要记录信息，比如患者的姓名、年龄，以及患者与其他人的关系。现在大多数临床医生会打印治疗记录，但要求他们在治疗过程手写一些信息并不过分，这样他们可以记住关键的细节。如果治疗师既不愿手动记录信息，也无法凭借脑力记忆信息，那么他们就不值得患者花费时间和金钱。

第二，治疗师一直在谈自己的事。许多治疗师都有这种毛病。他们一直谈论自己曾经如何应对相同的问题，曾经也有一位和你情况类似的患者等等，浪费患者的治疗时间。我的母亲就曾有过这样的经历，她在四五次治疗之后，产生了更换治疗师的想法，她向我询问治疗师分享自己的故事是否正常。我当时深感震惊。治疗师可以简短地介绍自己的故事，让患者知道他们对患者的经历感同身受，但在分享自身故事上耗费大量的时间就违反了治疗师的职业操守。请记住，治疗时间是属于患者的。整个过程将围绕患者开展，治疗师应关注患者的忧虑、问题，以及为患者提供有效的治疗方法。

第三，治疗师不关心患者的问题或曾经历的创伤性事件。患者不必向治疗师证明任何事情，治疗师应该无条件地支持患者。我知道许多心理疾病会让患者产生一种忧虑，即担心自己“病得还不够严重”，不需要寻求治疗师的帮助。但如果患者已经向治疗师求助，治疗师就应该认同患者的感受，积极配合患者，而非和患者唱反调。

最近我在为其他治疗师上有关自我伤害的继续教育培训课。在准备课件的时候，我意识到治疗师的大部分工作是聆听，所以为什么不去听听患者的想法呢？了解他们希望治疗师做什么、他们在自我伤害中的困扰。于是，我收到了几百条观众的回复，以下这条回复给我留下了深刻的印象：

> 不要低估一个人自我伤害的程度（在某种意义上，抓伤与割伤或烧伤一样严重）。“哦，你只是被抓伤而已吗？”这

句话对患者的影响比治疗师给出的任何建议都更大。

在很多情况下患者都听过类似的话，治疗师也许是在谈论患者的抑郁症，甚至是谈论患者的婚姻状况。如果治疗师认为你的问题不值一提，那就无须再找他们继续进行治疗了。这是一个标志，证明这位治疗师根本不专业。如果他不想为患者提供帮助,就不该接诊。

第四，治疗师随时待命。我的意思是，治疗师不应允许患者随时发短信或邮件给他们（紧急情况除外）。正如前文所述，这一点很关键，只有这样，患者和治疗师之间的关系才是健康的，患者才有机会试着自己解决问题。如果患者一直依赖治疗师，遇到困难时总是依靠治疗师伸出援手，那么一旦失去治疗师的帮助，患者就会不知所措。除了患者自己，没有人可以为患者 24 小时待命，帮助他们做出正确的决定。依赖他人恢复健康并不是治疗的目的。

第五，治疗遥遥无期，不知何时才能结束。虽然治疗的方式多种多样，但是无论采用何种方式，治疗都应有目标。患者应该设定目标，并把目标写下来；患者甚至可以设定一些阶段性的小目标，由此引导当前阶段的前行方向。如果患者发现自己的治疗时间全用于了聊天，而且像是在和老朋友聊天，那么治疗就失去了作用。

优秀的治疗师会让患者知道什么时候治疗可以结束，并会就此与患者进行沟通。患者和治疗师应该共同决定是否能够停止治疗，并观察停止治疗后的情况，同时治疗师也应该明确表示当患者需要时依然可以回来重新接受治疗。如果治疗变成没有重点、没有疗效的轻松聊天，就不再是治疗了。

第六，治疗师告诉患者该怎么做。我知道有些患者或许会认为我的观点有争议，但帮助患者做选择确实不在治疗师的职责范围以内。每个人都有不同的处事方法，但处事方法并不能决定选择的对错。在治疗中，患者与治疗师共同做的每个决定都来自患者的感受和正误判断，患者应牢记自己的目标。当然，治疗师也会给患者提供一些指导，但最终仍由患者做决定。治疗师不应按照自己的想法命令患者行事，这种做法不仅毫不专业，而且蛮横霸道。

第七，患者觉得自己受到了怠慢。虽然每个治疗师都拥有多名患者，而且治疗师也有自己的生活，但治疗师不应让患者觉得受到了怠慢。如果治疗师经常取消治疗或改期，患者无法得知与治疗师的下次会面时间，这样就会让患者认为治疗师不关心自己。虽然治疗师也会生病或是有紧急情况需要处理，但也应该让患者清楚地知道治疗时间。即便治疗时间并不固定在每周的某一天或某个时间段，治疗师也应该保证治疗时间的规律性。

第八，患者在治疗中未收到充分的反馈。在患者讲述自己的感受和经历时，治疗师需要积极倾听。他们应该时不时点点头、在需要的时候提问、引导患者留意他们可能忽略的事件关联性。如果治疗师只是干坐着写记录，或在电脑上打字，患者根本无从判断治疗师是否在认真聆听，这样的治疗师很难得到患者的信任。

我知道挑治疗师的毛病不利于构建医患之间的信任关系，也不利于推动治疗进展，但是患者必须了解这些警示标志。只有这样，患者才能确保自己从治疗中获益、治疗师尽到了自己的职责、患者得到了妥当的帮助。

如何判断找到了理想的治疗师

除了需要知道糟糕的治疗师的标志，我们同样还需要了解理想的治疗师的标志。因为患者对于治疗过程和治疗效果存有许多困惑，所以我列出了一些与治疗方法相关的问题，为大家提供尽可能多的标志，并举例说明如何在治疗中发现这些标志。如果你在之前从未发现过这些标志，我希望你能在以后的治疗过程中仔细观察。我认为有了这些标志，所有患者都会得到更佳的治疗体验。作为一名心理健康领域的专业人员，我衷心地希望所有患者都得到更佳的治疗体验。

第一，患者可以信任治疗师，他们能感觉到治疗师在支持他们，希望他们病情好转。这一点的重要性毋庸置疑，但患者在治疗的初始阶段可能很难与治疗师敞开心扉，如果患者感觉到了治疗师的关心，情况就大不相同了。此外，这还有助于建立良好的医患关系，而良好的医患关系是患者与治疗师展开合作的关键因素。这一标志有多种表现形式，比如当患者达到目标或克服障碍时，治疗师会感到兴奋；当患者面对压力的时候，治疗师会耐心地鼓励，让患者感受到支持。患者甚至能亲身感受到这个标志，比如他们发现自己面对治疗师时变得越来越轻松，越来越有安全感。我的患者经常跟我说，他们对我讲了以前没有告诉过任何人的故事，或者当他们跟我讲述非常私密的事情时，他们喜欢我的回应方式。

第二，治疗师向患者清楚地解释治疗过程以及患者关注的其他内容。治疗中不应该有任何神秘隐晦之处，治疗师应该与患者一起讨论和决定所有问题。这是整个治疗过程中的关键。对于许多人而言，沟通是个难题，在治疗中保持清晰的沟通将极大地提升患者的治疗体验。

清晰的沟通意味着，如果患者在非紧急的状态下给治疗师发送短信或电子邮件，治疗师会在治疗时提出来，这样患者就会明白为什么治疗师没有立即回复。治疗师还会与患者详细地说明治疗计划、治疗目标以及患者需要配合的事项。在治疗中保持开诚布公的对话非常重要，只有这样，治疗师才能真切地了解患者的目标、感受，以及患者对治疗方案的看法。如果没有这种积极的特点，治疗可能是在浪费患者的时间，甚至可能让患者产生不谈论棘手问题才算正常的错误看法。

第三，治疗师会要求患者挑战自我。他们不会逼着患者越过安全界限，但会鼓励患者挑战一些新事物，或者经历一些不太愉快的事情。治疗是一项艰辛的工作，值得患者去勇敢地尝试，但仅靠患者自己或许很难继续，所以寻求专业人员的帮助是让患者做出改变的最佳方案。正如你定好健身目标时会请一个教练一样，当你定好心理治疗目标时，你也应该找一位治疗师。我们需要教练（或治疗师）来鼓励我们，敦促我们，使我们做得更多、更好。如果治疗师总是让你快速摆脱困境，从不要求你再试一次或再说一些，那他就不是理想的治疗师。

此处我需补充一点，治疗师不应把患者推向崩溃边缘，让患者出现惊恐发作或闪回现象。所以我将这一点放在第一点和第二点之后介绍。治疗师需要了解患者的承受能力，在必要的时候要求患者挑战自我，但也要清楚患者的极限。当患者到达极限时，应该告知治疗师。只有在安全的前提下，患者才能配合得更好。

第四，治疗师能够让患者更好地表达自我、更清晰地描述自己的症状。让患者寻找合适的措辞描述自己经受的苦痛是一种自由而有效的方式。这是我给患者治疗时最喜欢做的事情，因为我可以像一名侦探一样选择合适的措辞帮助患者表达，让患者感受到我对他们的理解。这就像是在破解情感谜题。治疗师很可能会问："你是说你的抑郁有点像浓雾，所以你无法集中精神？还是说你觉得迷迷糊糊，在需要专注的时候无法集中精神？"治疗师会竭尽所能帮助患者说明症状，以确保诊断无误，并充分了解患者的体验。

第五，治疗师会定期与患者回顾已经完成的事项，并确保患者没有异议。虽然每位治疗师都有自己的风格，或许正好有一些治疗师就不喜欢过分关注目标或计划，但我认为如果想让患者获得最佳的治疗效果，我们就必须设定一些目标，并要定期查看目标的达成情况。这不仅是建立信任关系和治疗关系的关键，而且会让患者在治疗过程中变得更有信心。知道自己的努力付出都会换来收获，听到治疗师认可自己的进步，会让患者一直动力十足。

不必时时回顾成果，每隔几个月回顾一次即可。如果我发觉患者的自信心在消减，或他们被负面的想法困扰，我就会与患者一同回顾成果。通常我会打开患者的档案，翻至几个月前的记录，提醒他们当时的状况，并告诉他们现在他们做得有多么好了。所有的患者都需要有人不时地提醒他们进步了多少。如果你从未意识到需要有人提醒自己的进步，但你的治疗师已经与你回顾了治疗成果，这就是一个积极的标志，说明你找到了一位优秀的治疗师。

如何判断治疗师是否优秀，我还有许多标志和故事可以与大家分享，但最重要的一点是：你要喜欢你的治疗师，当你向治疗师诉说你经历的一切时，你感到轻松自在。由于治疗关系十分特殊，判断自己是否喜欢某个治疗师可能并不简单，所以，接下来我将介绍患者对治疗师的感受，和你一起探索良好的医患关系是怎样的，以及如何判断自己是否与治疗师建立了良好的医患关系。

第 7 章

在安全感中重新认识自我

我的治疗师合适吗？

在治疗关系中感觉“合拍”

有不少研究发现，心理治疗的效果取决于患者与治疗师的关系。只有患者喜欢自己的治疗师，跟治疗师在一起时有安全感，患者才能有足够的勇气面对自己的困扰。但患者与治疗师的关系并不容易被解释或理解。许多人认为这种关系就像朋友关系，还有人认为根本不必跟治疗师有任何情感上的联系。实际上，患者与治疗师的关系处于上述两种极端关系的中间。

患者和治疗师的关系是一种围绕治疗展开的职业关系，所以如果将治疗看成是与朋友一起喝咖啡，患者必定解决不了自己的问题。反之，如果患者认为没有必要与治疗师建立情感关系，患者则难以敞开心扉；如果治疗师没有认真地倾听，也没有表现出对患者的关心，患者就会觉得受到了冷落，不再继续治疗。

出于上述原因，理想的医患关系看似很难被定义，但判断治疗关系是否理想其实非常简单。每个人都有着不同的期待，追寻着不同的目标，令他们觉得舒服自在的事物也不尽相同。尽管如此，仍有一些基本的方法可以帮助患者判断治疗师是否适合自己。

患者在治疗开始前都会感到紧张。但是治疗开始后，患者应该感到治疗过程比预想的轻松或舒适。可能患者说不出任何原因，但他们喜欢自己的治疗师，治疗师的提问让他们在讲述自己的困扰时感到放松,他们就诊前的紧张情绪也一扫而空了。不少患者和我说过，如果他们找到了合适的治疗师，最后他们都会觉得治疗很有成效。

你会感觉到治疗师“懂”你。我知道这不是一个临床术语，但没有更合适的字眼描述这种感觉了。当你告诉他们你的经历或某种人际关系给你的感受时，他们能立刻心领神会。你无须解释太多，治疗师也无须过多地询问，就能够理解你和你的心路历程。

治疗师能够了解患者的情况和心路历程对治疗非常有益。患者可能担心自己是反应过度，或认为生活中的麻烦全是自己的错，这是许多患者不敢接受治疗的主要原因。我的一位好朋友多年来都不愿意接受治疗就是出于这个原因。

你说治疗可以帮助患者，但是我的事情太多了，挤不出时间去治疗。如果我去治疗，向治疗师诉说我的感受，万一治疗师说我反应过度该怎么办？或者情况更糟糕，治疗师说这一切都是我的问题，那又该怎么办？那我就白跑了一趟！

当患者毫无保留地分享自己的故事时，治疗师表示理解的点头能够消除患者的过度担忧。同样，当患者担忧时，心理健康专业人员不应将所有问题推给患者。生活中的事情不是非黑即白，治疗师应避免发表太过绝对的观点。将问题归咎于患者会让患者情绪低落，患者也不会愿意再讲述更多的信息了。因此在建立良好的医患关系的过程中，不应出现这样的状况。

无论你承认与否，选择治疗师时人们都有年龄、性别等方面的偏好。许多在生活中受到虐待的人更愿意选择与施虐者性别相反的治疗师。这样他们在治疗过程中会更有安全感，谈及受虐经历时也会更放松。还有一些人喜欢年长的治疗师，他们认为年长的治疗师更有经验，职业素养更高。

我喜欢较年长且有点嬉皮风格的女性治疗师。我未曾探究过原因，可能是因为我觉得自己还太年轻，想听取过来人的建议。我喜欢思想开放的人，他们能包容不同的观点，太古板或太严肃的人就跟我不太合拍。这样的人会让我快速切换到我的 A 型人格，让我迫切地想要把所有事情做到完美，所以我便不能放松心情。

我还认为女性更容易产生情感共鸣（我知道这完全是性别歧视，但这仅仅是我的个人想法），向一位女性哭诉或释放自己的焦虑情绪，我会觉得更容易些。现在轮到你来决定最佳治疗师人选了。先把那些政治正确的主张放到一边，只需关注什么样的选择会让你感到最舒服自在。

如果你不清楚自己的喜好，或在面对选择时一筹莫展，那么先来看看以下几个基本问题：

1. 我觉得难过时通常会向谁倾诉?
2. 我最亲密的朋友和知己是否都是特定的年龄或性别?
3. 我是否可以与比自己年龄小得多或大得多的人交谈? 与他们交谈时的感受是更好还是更糟?
4. 我是否可以接受与自己性别相同的治疗师?
5. 如果治疗师的性别会吸引我，我是否可以接受该治疗师? 我会不会觉得不自在?

回答以上问题时无须考虑答案是否合乎逻辑，只需忠于自己内心的想法，这才是最重要的。因为是你在接受治疗，所以治疗师要确保你能够完全放松自在。

判断治疗是否适合自己还有另一种方法，回答一个问题：你是否很容易对你的治疗师产生信任? 如果你遇到了合适的治疗师，答案应该是肯定的。医患关系不同于任何其他形式的关系，因此你无须花费几个月的时间来建立信任。其一，患者信息属于保密信息，治疗师不能向任何人透露患者在治疗过程中说过的任何内容。（治疗师有义务为患者保密，治疗过程中患者说过的所有内容均应保密，法律允许透露该类信息的少数情况除外。）其二，治疗师接受过多年的专业教育，知道如何帮助患者。他们期望患者病情好转，并会竭尽所能地帮助患者。如果你找到合适的治疗师，便能快速地与治疗师建立信任。

如果你一边阅读以上的要点一边点头认同，你一定已经找到了适合自己的治疗师！这是一件好事，但你还需思考你与治疗师关系的亲密程度，因为过犹不及，关系太过亲密也会有问题。

让内在小孩出现

我每天都会在网上讨论与依恋相关的话题，但在日常生活中，人们却很少谈及。我认为出现这种情况是因为人们不懂得依恋的含义，或者是无法判断某些情感是否是健康的。此外，依恋会给人带来羞耻和尴尬，没有人愿意提起这个话题，因为担心自己的情感可能是错误的，或者自己成为别人眼中的笑柄。

依恋是一个人对另一个人产生的强烈的身心纽带。这种纽带最初就像婴儿对父母等最亲近的人的情感；婴儿出生后，会对养育、照顾自己的人形成强烈的依恋。这种情感深植于人类的大脑，当我们最需要安全感和关怀的时候，它会提醒我们，我们很安全，我们被人关爱。

人们长大以后，许多人际关系中都会产生这样的依恋。是否曾有朋友对你说他们喜欢上了与自己仅约会过一周的人？是否有熟人从来不愿意与他人深交，如果有人想与他们建立更深层次的关系，他们就会选择断交？这些行为都是依恋的表现，而这种依恋早在婴儿时期就已经形成。

这种早期形成的对他人的情感联系似乎存在于大多数的人际关系中，因此这是治疗中的一个关注点。尽管医患关系不同于其他的人际关系，但在医患关系中也会产生其他人际关系中的情感挣扎。心理治疗让患者信任他人、感到安全、觉得自在，在这种放松的情况下，一些在日常生活中可以控制的情感挣扎在治疗中会表现得更猛烈。

正如之前提到的两个例子，治疗中的依恋要么让患者觉得不想让治疗师离开，要么让患者宁愿先离开治疗师，以避免个人的不安。如果患者对治疗师依依不舍，害怕离开治疗师，那他就会想尽一切办法留在治疗师的身边。以下是一个例子：

> 我甚至不愿意讲述这件事，但我曾经告诉我的治疗师，当她说我应该停止治疗或减少治疗时，我的情况就会变得糟糕。我只是需要见到她，我不知道该如何向她表达。

患者迫切地想把治疗师留在自己的身边，甚至有些患者会采用自残的方式让治疗师留下来。因此依恋会带来羞耻和尴尬，我们需要更深入地探讨这个话题。希望别人留下来陪伴自己并不是件错事，这仅仅说明患者仍像孩子一样，情感需求没有得到满足。一旦患者明确了约见治疗师的目的，就能更有效地遏制住这些恼人的情感冲动。

强烈的依恋之情

相关研究结果表明，人们初次产生依恋情感一般在四五岁之前。

在这段时期内，幼儿极度依赖照料自己的人（通常是父母），因为他们给予幼儿照顾和关爱。幼儿哭喊时，他们会提供帮忙；幼儿感到饥饿时，他们提供食物。幼儿依赖父母满足自己的情感和生理需求，从而形成了一种稳固的依恋之情，当幼儿走入外面的世界开始与其他人接触时，依恋产生的安全感会持续存在。有了这种稳固的依恋之情，患者便不会担心治疗师离开，或担心与他人的亲密关系发生变化。

如果在你年幼时，你的哭喊常常被忽略，照料你的人在你需要帮助时并不能及时出现，这就有可能让你形成一种不稳固的依恋情感。父母在你需要帮助的时候却不在你的身边，这表明你的需求并不重要，或者你不应该有这样的需求。

我的很多患者都成长在这样的环境下，他们告诉我，他们的父母会让他们别闹，让他们回到自己的房间，甚至有些父母在孩子需要拥抱的时候断然拒绝。

我知道上述的种种现实听起来很残酷，你可能会思考父母为何会这样对待孩子，但在很多时候，父母只是在忙于其他事情。也许是家中另一个孩子患有某种严重的疾病，或者是家庭经济条件比较拮据，父母需要全职工作。无论原因是什么，当你知道父亲或母亲不能全心照料自己时，就会找另一个人代替。这也是依恋在治疗中表现得如此强烈的原因。

敞开心扉的方法……

在缺少关爱和支持的环境中成长起来的人通常较难与其他人亲近。当孩子哭喊时，如果看护者不在身边，孩子有时候会停止哭泣或向他人寻求帮助。在某种程度上，当孩子发觉自己的努力毫无用处时，也就不再哭喊了。在治疗情境中，不少患者想与治疗师建立更密切的关系，与治疗师更频繁地会面，但他们觉得很难和治疗师亲近起来。

如果患者很难与他人亲近，治疗就会变得棘手。因为心理治疗无法避免情感上的亲近关系，一旦患者认为治疗师让他们缺乏安全感，治疗师就无法获得足够的信息来帮助患者。怎样才能使患者打开心扉？我一直在思考这个问题。通常人们甚至不知道自己为什么会犹豫或退缩。我想说的是，有这样的感觉并不是你的错，有许多技巧和方法可以帮助你解决这些问题，让你从治疗中受益。

我时常建议大家写日志。尤其是你觉得很难向治疗师敞开心扉时，就更有必要写日志了。我知道写日志并不是一件容易的事，你可能不知道该写什么，但无论如何，开始动笔吧！下面是一些简单的提示：

◎今天发生了什么事？有什么事让你兴奋？有什么事令你沮丧？

◎今天你是否觉得不堪重负？或者无聊透顶？

◎今天你见了什么人？你喜欢他们吗？为什么呢？

◎一天结束了，你现在感觉如何？

◎你希望明天是怎样的？

我知道写日志就如同写日记一样，但请相信我，这样做能够帮助你。开始记录你的生活、感受和令人难过的事。这些信息在治疗中可以发挥作用。当然，这取决于你是否愿意让治疗师看你的日志，这是一种拉近患者和治疗师之间距离的方法。

如果你开始记日志，可以从一些小事开始记录。我在接受治疗的时候，总是想说什么就说什么，但并非每个人都是这样的。你可以先分享一些不太恐怖或尴尬的事情，让治疗师有机会倾听你，支持你，并逐渐放松自己的心态，愿意接受这种不太寻常的医患关系。在某种程度上，患者是在进行自我暗示，告诉自己接纳别人、亲近别人并不会出现问题。

此外，你要确信一点，你可以打开心扉地向你的治疗师倾诉。如果患者不愿意讲述过去发生的令人困扰的事情，也可以说说现在的情况。约见一位陌生人，并和他谈论自己最隐晦、最不愿意触及的秘密，这确实是一件奇怪的事。但你要知道，治疗师的工作就是如此。这样的沟通有助于建立信任，患者也有机会了解治疗师是否可靠、是否关心患者。

另一个让患者快速敞开心扉的方法是先说明自己的情绪。如果患者不愿意谈论曾经经历的创伤性事件，也可以向治疗师说“分享这些事情就会让我焦虑”，或者类似的话。患者说明自己当下的情绪是有帮助的！我知道，人们有时候很难描述自己的感受，那就采用另一种方法表达自己的情绪。（情绪表列出了各种情绪。在网上就能找到情绪表，你可以使用该表来帮助自己确定当前的感受。）

如何更好地控制情感？

如果患者发现自己希望不停地向治疗师倾诉，希望更频繁地与治疗师会面，而且在每次治疗时总想突破治疗师设置的时间界限，那么患者就应该和治疗师谈一谈。我知道患者会担心自己的话会把治疗师吓跑：

> 我明白治疗关系在本质上是不平等的，但我有时候希望我的治疗师多分享一些她自己的事情。有时候我觉得她不太确定如何控制我对她的强烈依恋。我真的把她当作治疗师看待，我不想这种关系走到尽头。但是我担心如果我告诉她我非常依恋她，她可能会让我换一位治疗师。我真的不知道该怎么办了。

事实上，这种情况取决于患者与治疗师如何解决问题。我知道我在上文分享的这段患者的话会让许多治疗师感到困扰，但是患者与治疗师共同面对依恋问题是最好的解决方法，这样可以避免患者再次遭遇背弃和受到创伤。

如果患者告诉治疗师自己很想亲近治疗师，想了解更多关于治疗师的事情，甚至想在未发生紧急情况的时候给治疗师打电话，治疗师可能认为患者只是需要更多关爱。许多治疗师会强调治疗的时间界限，让患者感觉治疗师不愿理会他们或有意疏远他们。患者不应采取行动一步步靠近治疗师，毕竟这并不是治疗的目的。患者应该做的是与治疗师谈一谈为何会对治疗师产生依恋。以下是患者向治疗师进行解释的一个范例：

> 你知道，就像我一直和你说的那样，我觉得自己和你很亲近，我很依恋你。这让我感到非常困扰，我希望我们能够一起弄清楚这种情况发生的原因，这样我就能抛开这种感觉。

关注患者对治疗师产生依恋的原因，可以减轻治疗关系带给患者的压力，还有助于引导治疗师设定接下来的治疗目标。大多数治疗师都了解依恋感情产生的原因，如果治疗师不知道，患者的主动沟通也能引导治疗师去发掘原因。

没错，让患者引导治疗师听起来或许很奇怪，但只有让治疗师了解了患者的全部信息，治疗师才能做出调整和改善。如果患者认为这种依恋与过去发生的某件事有关，治疗师知道缘由后就能帮助患者解决依恋问题了。

创伤也可以用创意治愈

依恋情感通常与创伤性经历有关。婴儿在孤立无助的时候会感到害怕，成年人也会担心没有人帮助自己、关爱自己。这些感受对人的影响非常深刻，让人变得更加脆弱，因此患者需要按照自己的步调进行治疗。不要给自己施加压力，不必着急，也不必强迫自己一股脑儿地将创伤经历全部说出来。

幼年时期，我们会因为无人陪伴、无人帮助而感到难过。这似乎有点傻，好像自己反应过度，其实并不然。患者最难理解的一件事是：如果没有人拥抱他们，他们就会感到恐慌。儿童比成年人更容易感到不安，这并不难理解，想象一下你没有能力照顾自己，无论你做什么也没有人关心你，这是多么可怕的事情啊。通常情况下，人们在五岁以后才会形成长期记忆，所以五岁以前的感受很难探究。我的许多患者都毫不在意过去的事情和感受，因为已经成年的他们觉得说出那些事情很傻。但对儿童来说，那样的经历确实非常可怕。

不要纠结为什么过去的经历对你产生了如此大的影响，试着去接受你的感觉。我知道这件事说起来容易做起来难，但有一个非常有效的方法，那就是给过去的自己写信。通过这种方式，患者可以描述自己曾经的痛苦经历，可以假设自己做了什么来阻止事件的发生。这种方式还可以让患者与过去的自己建立情感联系。儿童在经历创伤性事件后，可能会选择封闭自己的感情来克服这个难关。给过去的自己写信让患者有机会重新体验过去的经历。这样的解释或许很难让大家形成一个明晰的概念，所以我给大家举一个例子：

亲爱的小萨曼莎：

我知道我们从来没有这样交谈过，老实说，我一直试着忘记你的存在。对此我深感抱歉。回想过去会让我深陷在痛苦中，我想装作什么都没有发生过，我以为这样自己就不会再被困扰。但现在我在给你写信。

首先，我想说我知道当时的你是多么的害怕，世事如此不公，但你一定会渡过难关。在妈妈开始与那个手臂上有大片刺青的男人交往后，情况变得非常糟糕。但你不要担心，妈妈发现了那个男人对我们的伤害，让那个男人离开了。

我多么希望那时候我们能多做些什么；我记得有一次你大声呼喊妈妈，持续了几个小时后你放弃了。我知道你很生气，你甚至在学校里打架。请试着找个人倾诉。我一直希望自己能做些什么，这样我们就能早点得到帮助了！啊！现在我知道会有人帮我们，也知道你不会永远这样难过。我相信一切都会好起来的。

爱你的

大萨曼莎

这样的信也许需要反复地写，就像是把过去的你当成你的笔友。当你觉得越来越能适应以后，可以写下更多的细节，或者写下突然冒出来的回忆。将写信当作一种富有创意的治疗方式，让你的文字带你去任何你想去的地方。这样做可以帮你打开尘封的记忆，治愈往事带给你的伤害。

可以和治疗师恋爱吗？

你可能怀疑自己是唯一一个对治疗师产生爱慕之情的人，但实际情况是，这种情况非常常见。童年时期缺乏关爱可能会让患者依恋他们的治疗师，甚至让患者爱上他们的治疗师。这种情况可用心理学术语“情欲移情”（Erotic Transference）概括，即患者将自己过去的情感和情爱关系转移到治疗师身上。

我所说的是“情感和情爱关系”，这种情感冲动通常并不是爱情。产生情欲移情的原因通常是幼年时期没有得到正常的关爱。如果我们从小就知道有人爱我们，爱我们的人就在身边倾听我们、关怀我们、支持我们，长大后我们也会用正常的方式表达对他人的爱。我们知道爱是什么，也明白对不同的人的爱会带给我们不同的感受。

然而，如果从来没有人教导我们柏拉图式恋爱和性爱关系的区别，而恰好又有个人关怀着我们，我们可能会因此而感到困惑。因为治疗师善良、有耐心且考虑周到，容易让患者产生爱慕之情。患者可能不知道治疗师的行为意味着什么，而且患者对治疗师缺乏深入的了解，任凭自己的想象来充实治疗师的人设。患者幻想出来的这个人可能与真实的治疗师大相径庭。

值得庆幸的是，这种情况非常普遍并且可以通过治疗解决。虽然患者在治疗过程中认为这样的事情难以启齿，但讲述出来是最明智的做法。讲述自己的感受是治疗的关键，有助于治疗师深入了解患者过去的经历。虽然我不能保证你的治疗师能在短时间内立即了解你的过去并与你一起分析，但是他们会去探究这种爱慕之情产生的缘由。当然，在向治疗师吐露心声之前，要确保他们的专业性，若他们并不专业，患者应立即终止治疗。

患者向治疗师吐露心声后，就可以消除误解。需要强调的是，治疗师在任何时候都不应对患者说自己也有同样的感觉。患者喜欢或爱上自己的治疗师会令患者感到困扰，但治疗师也对患者有同样的想法则是完全错误的。当然，在正常情况下你与任何人交往都不违法，但治疗师喜欢上患者会威胁患者的安全，这是违法的。

正如之前讨论的，治疗关系是一种单向关系，患者处于劣势。患者不清楚治疗师住在哪里、喜欢做什么、有什么内心挣扎，也不了解治疗师的为人。但是治疗师却掌握了患者的情况，患者把治疗师当作专业人士看待。如果没有意识到这种关系的特殊性，患者就会赋予治疗师太多的权力，如果治疗师滥用这些权力，情况会变得非常危险。

美国的每个州都有针对心理健康行业的立法，规定心理健康专业人员不得滥用权力。这些法律基本大同小异，区别只在于治疗关系结束后规定的约束力失效时限不同。有些患者希望在停止治疗后可以和治疗师交往，但法律禁止治疗师这样做，如果他们与患者交往，就会被吊销执照。这种禁令的有效期在有些州是 3 年，在其他州则是 5 年。但无论禁令的有效期是多少年，治疗关系终止了多久，我都不希望患者与治疗师产生恋情。

“直觉”会告诉自己正确的答案

选择一个人聆听你遇到的问题是一项重要的决定，不应草率地做出决定。你应该慢慢来，多见几位治疗师，然后再确定哪一位适合自己。这种做法看起来或许不诚恳，也不科学，但直觉会告诉你正确的答案。

我知道许多人担心自己的“直觉”不可靠，因为自己曾经凭直觉做事却犯了错误。我听许多人说过：“一想到遇到糟心事后又要回去接受治疗就觉得恐怖。”许多人不愿意回想那些事情。我从不怀疑有些治疗师的工作有失水准，但确实也有许多优秀的治疗师。因此，在患者了解了这一点后，可以尝试重新寻找一位新的治疗师。

首先，我想让患者知道，治疗没有取得理想的效果并不是你们的错。当患者寻求心理治疗时，如果不相信心理健康专业人员的专业能力，也不相信他们愿意帮忙解决患者的困扰，治疗便很难推进。与患者沟通治疗方式是治疗师的责任，不是患者的责任。如果治疗师不知道如何帮助患者解决问题，或者认为自己不适合为患者提供治疗，他们可以与患者沟通，并向患者推荐其他治疗师。患者的脑子里不应充斥着消极的想法，而要记住治疗是患者和治疗师两个人的事情，治疗师理应训练有素，确保治疗能够帮助患者。

其次，多花一些时间选择治疗师。我知道当患者最终与治疗师约好治疗时间时，他们都想取得立竿见影的治疗效果，但千万不要操之过急。

花些时间思考自己对治疗师的要求，仔细审查他们是否具备优秀治疗师的所有特征，确定自己是否与他们“合拍”。如果出现警示标志，或是发觉治疗师不重视自己，请直接向治疗师提出来。有能力的治疗师会向你详细解释并给你安慰，让你知道他们会在你身边支持你。如果他们没有做出积极的反应，那你就可以另寻其他的治疗师了。

最后一点，当你会见下一位治疗师时，要向他详细说明你之前的治疗经历。优秀的治疗师在了解了这一切以后，会帮助患者在治疗过程中重建信任。这个过程需要花费一些时间，患者可能会在一段时间内对新治疗师心存质疑，但这只是治疗过程中的插曲，患者感受到治疗师自始至终都在为自己提供帮助和支持才是最重要的。

放下防备，不完美又何妨

如果你恰巧是 A 型人格，或者你喜欢取悦他人，治疗可能会是一个痛苦的过程，虽然在此过程中没人要求你完美地完成每件事。许多患者总是喜欢和其他人较劲，他们在每次治疗时都会准时赴诊，定期向我汇报治疗效果。当然，这种做法也无可非议，能让患者好转也让我感到欣慰，但如果患者长期如此，我便会起疑心。这并不是因为我觉得他们在撒谎，而是因为我不确定他们是否能够大方地承认自己的脆弱。在治疗过程中，患者可以展示自己不完美的一面。

我们都很抗拒让别人看到自己最糟糕的一面，也不愿意提及自己做过的让他人失望的事情。但这正是治疗的意义所在！在治疗室，患者可以喊叫、哭泣，可以展示自己最糟糕的一面，不必在意别人的评判和嘲笑。诚然，这样做确实有一定难度。曾经，我也不想让我的第一位治疗师失望，所以她让我做什么我都会竭力做到最好。但结果就是，我没有得到自己需要的帮助。

后来我换了一位治疗师，她的观察力非常敏锐，很快就发现我是喜欢取悦他人的 A 型人格。因此，刚开始她给我布置的任务是让我失联一整天，在这一天里，我可以做任何自己想做的事。我却完全办不到。因为没能完成她交给我的任务，我沮丧极了。再次治疗时，我低着头告诉了她结果。令我惊讶的是，她一点也没失望，反而很兴奋。她找到了正确的方法，成功地找到了我的一个问题，也明确了下一步治疗的方向。

后来的治疗就这样开始了。我终于可以放下防备了，我知道自己不会让她失望，也明白了为什么自己如此渴望得到外界的认可。我说这件事，并不是想表明我的第一位治疗师的工作能力不够，她只是不适合为我提供治疗。此后，我明白了治疗不必时刻保持顺畅，也不必循规蹈矩，这样才能真正地帮助我。我找到的治疗师让我明白了自己为什么会努力地取悦他人，这对治愈我的心理疾病至关重要。

如果你发现自己想取悦治疗师，或者将治疗师的话当成圣旨，那么你一定要向治疗师说明这种情况。一定要说出自己的感受，说明自己为什么在大部分时间里都在做这样的事情。相信我，找到合适的治疗师会让一切都发生改变，你一定会重新认识自己，这就是治疗的神奇之处。

第 8 章

一段糟糕的关系，并不意味更多

5 种毒害关系的警示标志

以及脱离方法

也许只有我喜欢用“毒害关系”（Toxic Relationship）这个词语，但近来这个说法似乎变得越来越流行了。我不知道是谁或什么事情引导了这一趋势，但我个人亲身经历过这种关系，在工作中也曾遇见这种关系，因此想与大家分享。我并不认为某些人本身有毒，但他们的一些行为或他们与其他人的关系可能有毒。我最喜欢的一句话说出了我的观点，这句话来自YouTube上的视频博主凯特·瓦尔德斯：

> 一段糟糕的关系并不能完全归咎于一个人；有时候仅仅是因为这两个人是一个糟糕的组合。

我喜欢这句话，因为这是真理。所有的选择都摆在眼前，为什么还要选择已经确定行不通的选项？对于生活中的任何一段柏拉图式关系或性爱关系，都是同样的道理。毒害关系并非总能轻易地被识别，这不像区分两种没有搅拌均匀的物质那样简单。在这样的关系中，人们起初感觉很好，觉得舒服自在，甚至在很多情况下人们会认为这是长时间以来拥有的最好的一段关系。然而，慢慢地，人们就会发现自己被控制了。在与另一半相处时，他们变得不认识自己了，也无法理解自己的行为。尽管每种反常的关系都会给当事人带来独特的感觉，但以下 5 种毒害关系是治疗师经常遇到的。对毒害关系及其警示标志了解得越多，就越容易避开这样的关系。

纠缠：缺乏独立

这种关系可能会令人陶醉，并且两人的关系进展迅速，几周以后，其中一人就完全无法离开另一人。在这样的关系中，两个人没有边界，无时无刻不在一起。其中一人甚至指望另一个人帮助自己做出人生中的所有决定。虽然渴望有人陪伴并享受两人在一起的时光是正常的事情，但是需要有人时刻待在自己身边则是异常的信号。我知道这两者听起来似乎并没有重大的区别，但请相信我，区分这两者很重要。

我在大学和研究生期间曾有个男友，他非常独立，我当时没有意识到他有什么问题。刚开始我俩和普通情侣一样，我们在周末约会，工作日则各自忙自己的工作、和朋友见面。然而，这段关系变得越来越纠缠，越来越不正常。我们不在一起的时候，他开始发短信询问我在哪里。他甚至要我帮他制订工作时间表和选择读研的学校，好像我是唯一一个能做决定的人。这段关系给我带来了很大的压力，很快让我感到厌倦。我打算和他谈一谈我的想法，结束这段关系。

我想确定他是否完全依赖于我，然后去了他的公寓。我问他："你是希望我时刻都待在你身边，还是需要我时刻待在你身边？"他没有丝毫犹豫，断然答道："我当然是需要你待在我身边！"那时候，我明白我们必须分手。这个情节或许非常戏剧化，但是在一段关系中，"希望"比"需要"更健康。我感受到他的需要，他的需要给我以及我们的关系带来了很大压力。我觉得疲惫不堪，而且总是被他激怒。我很清楚，如果这是自己一个人的问题，我需要想办法克服，如果是我们俩的问题，就没有办法解决。他的答案让我明白，这是我们两个人的问题：我们是一个糟糕的组合。

当一段关系是靠"需要"而不是"希望"维系时，这段关系就不再令人感到愉快了。想想你希望做的事和你需要做的事，这样你就能明白两者之间的巨大区别。"需要"表明有人没有你便无法生活，如果我们认真地想一想，就会明白无论缺少了谁我们都能活下去。恋爱中的两人在相遇之前，都已经独自在这世上生活了许多年。我们在电影、电视剧和歌曲中会发现，媒体经常支持这种毒害关系，这是一个值得大家注意的问题。乡村音乐的情况尤为严重，蒂姆·麦格罗（Tim McGraw）是我喜欢的一位歌手，他的一首歌甚至就叫作《我需要你》（*I Need You*）。

我们需要了解毒害关系的警示标志，才能识别每种毒害关系，如此我们才能更轻松地避开这类关系。确定一段关系是纠缠关系，最重要的警示标志是：无法独立处事。你是否可以和其他朋友一起外出，或独自做自己的事情？你和其他朋友外出或独自做自己的事情的时候，你的伴侣是否会找你的麻烦？当你选择独自处理事情的时候，请注意自己内心的感受。如果你感到内疚或难受，那么你需要向你的伴侣毫无保留地说出来，你们需要解决这个问题，甚至可能还需要做出一些改变，以使这段关系更加协调。

另一个警示标志是：无法独立做决定。如果对方认为你无法独自做决定，则表明你们的关系不健康。当然，我们可以向伴侣征求建议，但是无法自己做决定则意味着我们的自我价值和身份认同已经与这段关系捆绑在一起了。请记住，每段关系都由两个人构成，如果产生了依赖，两个人都有过错。因此，我们需要坦诚地交流，找出自身存在的问题，努力地改善问题，让两个人的关系得到良性发展。如果我们发现自己处于纠缠型的关系中，不要认为这是命中注定的。这表明我们需要更多地关注自己，提升自己独立处事的能力。只要双方都努力地改善关系，一定会得到理想的结果。

操纵：普遍而不为人察觉

这种关系不同于痴缠型关系，它通常由两个人中的一方造成。在操纵型关系中，最棘手的问题在于，被操纵者在短时间内不能意识到自己被操纵。操纵者通常会等到另一方心情愉悦且与自己建立感情之后才开始他们的有害行为，甚至有些操纵者并没有意识到自己在操纵他人。操纵者通常过于关注自己的情感和兴趣，而忽视自己的行为对他人的影响。

很显然，这种毒害关系有多种表现方式。对于那些操纵他人、利用他人的人，我想重点讲讲我的想法和建议。这两类人都很危险，都会对他人造成伤害，但这两类人的行为有着截然不同的原因。

在一段关系中，如果伴侣挽留你的原因在于他们曾受过伤害，操纵你留下来的人甚至意识不到自己在操纵他人，这更像是一种应对机制或防御机制。而利用别人获利的人则完全出于自私，他们只考虑自己的目标，并不是因为痛苦才做出这样的选择。这是两类人之间的最大区别。

谈及操纵行为的发生是为了让别人陪在自己的身边，我便不由地想起我的朋友鲍比的初恋。他当时 16 岁，正在上高中，还很天真。在和女友约会了四五个月后，鲍比决定分手。他是聚会的中心人物，而他的女友根本不喜欢社交。每个周末他们都会争吵，因为女孩想待在家里看电影，而鲍比想和他的朋友们出去玩。过了一段时间，鲍比再也无法忍受，他决定和女孩提出分手。

鲍比本该在篮球赛后（分手后）和我们见面，告诉我们事情的进展，但他始终没有出现。星期一，当我们都回到学校时，鲍比和他的女朋友仍然牵着手。我们惊呆了！鲍比后来解释道，他确实想和女友分手，但女友不同意。我们都认为鲍比疯了，或者他没有告诉我们全部的真相。如果他已经和女友提出了分手，他们不可能还会若无其事地牵着手，但事实证明我们的判断出现了错误。

后来，鲍比解释道，他和女友提出分手时，女孩哭了起来，不肯让他走。她恳求鲍比留下来，他们交谈了两个多小时，鲍比甚至无法理解这场谈话的意义。鲍比起身要走，告诉女友这段关系已经无法继续维持了，因为他们之间存在太多无法调和的差异。就在那时，女孩威胁说要自杀。

还记得我之前说过的，当时的鲍比只有 16 岁，这是他第一次正式恋爱。他不知道该怎么办，所以他告诉女孩他会留下来，他们仍然会在一起。这种情况持续了一两个月。女孩操纵了鲍比，让鲍比留在了自己身边。

我之所以分享这个故事，是因为我在治疗中心和医院工作了多年，我发现这种操纵行为非常普遍，远远超出了人们的想象。有些人或许会认为，如果有人试图使一些手段让伴侣和他们继续交往，那一定是因为他们极度渴望和对方在一起或害怕独处，但事实远远非人们想象的那样简单。

为什么有人会用尽手段让伴侣留下来，坚持不肯分手呢？这背后的原因与创伤和自我认同有关。首先，正如前文讲述的，童年时期的创伤会导致一种不健康的依恋感情产生，让人们去寻找合适的照料者。患者可能轻易地与刚认识的人产生感情；无人陪伴让患者感到极度的恐惧，患者完全无法应对这种情况。我的一些患者甚至说，在某种程度上，孤独感会再次给他们带来创伤。

在人们年幼时，如果照料者未能阻止创伤，或者当幼儿告诉照料者发生了什么时，照料者不相信幼儿，幼儿便会认为自己的感觉和想法毫无根据。因此，当人们独自一人时，会感到不安全或不完整。有人在身边保护我们，在情感上支持我们，是我们在生活中最重要的目标。

其次是缺乏自我认同。当人们对自己不满意或者不相信自己的价值的时候，便会依靠人际关系去寻找与自己不同的人，这样的人性格与自己迥异，能做到自己做不到的事情。人们可以寻找坦率、自信的人，或是寻找充满阳光的、富有爱心的人，这并不难。

尽管通过别人证明自己的价值不是一个好方法，但却是一种生存技巧。如果一个人缺乏足够的自信，缺乏对自己的正面的评价，他在生活中就极有可能会受挫，甚至受到更大的伤害。找到一个能在我们需要的时候支持我们的人，能让我们拥有更强的安全感，更好地迎接挑战。

同理，在鲍比的情感纠葛中，女友的自我价值认同问题是症结所在。他的女友有一个同卵双胞胎姐姐。在姐姐面前，她总是觉得自己相形见绌，因为姐姐在所有方面都更优秀。成绩全 A、是校乐队的首席乐手，而且在大一时就成功地进入了学校足球队，因此她的父母给了姐姐更多的关注和赞扬。鲍比的女友从来都感觉不到自己的重要性，于是她找到了鲍比，依靠鲍比获得肯定和情感上的支持，这是她从未得到过的东西。但这段感情却让鲍比精疲力竭。

这就是依赖他人寻找自我价值所带来的问题：别人并不能让我们爱自己。即使别人对我们说肯定和支持的话语，也无法改变我们的想法；真正需要改变的是我们自身。因此，我们与自己的对话对心理健康至关重要。依赖他人寻找自我价值会让我们陷入不健康的关系，并毁掉我们已有的健康关系。

这种毒害关系的警示标志因人而异，但最明显的信号是对方不相信你的肯定。如果有人希望你让他们感觉良好,但当你称赞对方时，他又开始质疑你的称赞，注意这种情况发生的频率。如果这种情况经常发生，最好试着和对方谈谈，了解其中的原因。如果你无法给予对方更多的关怀，或者你无法应对这样的关系，那么最好在精疲力竭之前结束这段关系。

最后，注意对方是否将自己的价值与你联系在一起。我的一位朋友曾经有一个缺乏安全感的男友，每次约会时，男友都坚持让她把自己打扮得光鲜靓丽。然后男友会说，因为有她，他们这对情侣看起来魅力四射，每个人都会嫉妒自己。虽然这是一种赞美，我却觉察出异样。除非女友在场，否则男友就难以对自己有认同感，这是在一段健康的关系中不应发生的事情。

相比依赖他人寻找自我价值的操纵关系，另一种操纵关系则更具欺骗性，所以我们更有必要识别出那些为个人利益而去操纵他人的人。这类操纵者通常追求金钱或权力。如果你拥有金钱或权力，或两者兼而有之，就需要小心提防。这并不意味任何人都不可信，这只表明如果我们比自己的交往对象拥有更多的金钱或更大的权力，我们便需要判断他们是否只是为了金钱或权力才接近我们。

我不想为那些自私的、利用他人的行为辩解。那些视他人为有用之物而非有价值之人的人，在我的书中或我的脑海中都没有一席之地。他们是可怕的人，我们需要保护自己免受他们的伤害。

我们需要判断别人是否会利用自己，让我来说明这句话的意义。如果有人想利用我们，首先他们会找到我们。相识可能非常偶然，比如你们在办公室里结识，但没过多久他就会请你帮忙。一开始他可能只请你帮个小忙，以试探你是否情愿，并评估你拥有多少他们想要的东西。如果这样的说明难以理解，可以看看下面的例子：

> 我很难回忆我和朱莉的关系，因为我不知道我们之间什么是真的，什么是假的。刚开始时，她表现得非常友好，我们很快成为了朋友。我们几乎每天都一起出去吃午餐，一起在星期五度过欢乐的时光。她是我在工作中结识的第一个真正的朋友。后来她的人生发生了重大的变故。她的妈妈得了重病，她不得不把自己所有的钱寄回家。因为拖欠房租，她被房东赶出了公寓，她的男朋友也离她而去。于是，她和我住在了一起，而我也一直在经济上支持她。
>
> 直到我的哥哥来探望我，我才看清了她的面目。当我跟她提钱的时候，她戒备极严。我们大吵了一架，她拿着自己的东西离开了。从那以后我再也没有和她说过话。我的哥哥仍然向我施加压力，让我起诉她，要求她还清欠我的 4 000 多美元，但是我做不到。我只是很想念我的朋友。也许只有我把她当朋友，她却没有把我当朋友。

希望这个例子能让你更好地了解这种类型的操纵关系是如何形成的。另一个警示标志是，一旦你们了解了彼此，对方就希望事情进展得更快。在上文的案例中，朱莉没有浪费太多时间，她很快就向我的朋友讲述了她生活中的戏剧性事件，并要求与我朋友同住。一段关系的推进一定是循序渐进的，如果你觉得事情进展得太快，或者对方要求得太多，你完全可以拒绝，或者多花一些时间考虑。

最后，向真正的朋友或家人征求意见。很多时候，那些和你最亲近的人或许会隐瞒自己的真实想法，因为他们不愿意伤害你。让他们分享自己的真实感受，能帮助你更客观地对正在交往的人进行判断。

虐待：伤害你后更“爱”你

许多人想当然地认为自己永远不会陷入虐待关系中，甚至我的朋友也会说：“如果有人想要碰我一下，那就试试看！我绝不允许别人那样对待我。”

虐待是什么样子？如果我们发现自己处在虐待关系中意味着什么？关于这些问题，每个人都有自己的想法。事实上，虐待并不容易被发现，它发生的频率远比我们知道的高。

我想重点介绍的两种虐待是身体虐待和情感虐待。无论你的想法是什么，也无论别人告诉过你什么，这两种虐待都是危险的、有害的。我的许多观众和患者所面临的困难在于，他们为自己曾经或目前处于虐待关系中感到羞耻，这是一种糟糕的看法，这会阻止他们告诉他人自己受到了虐待。

我所说的羞耻是指人们对虐待行为产生的所有的不自觉的想法。正如前文所述，我的许多朋友都自豪地宣称自己永远不会陷入虐待关系之中。那么，这对曾经或现在处于虐待关系中的人来说意味着什么？是他们更脆弱？还是他们更愚蠢？当你第一次读到这一章节的标题时，你想到了什么？在和任何一个正在处理虐待关系的人交谈之前，先思考这些问题。

在陷入虐待的恶性循环之前，你要知道，无论你做了什么，顶嘴、举止粗鲁，或是对别人大喊大叫，别人都不能伤害你的身体。你做的任何事都不应该招致身体上的伤害；应该受到谴责的是施虐者的行为，而不是你的行为。同理，这也适用于精神虐待。如果对方经常贬低你、责备你，或者以任何方式控制你，就表明这段关系并不健康，你不必继续忍受。

恋爱关系中的虐待有很多原因。一些人将其归咎于施虐者自己曾遭受过虐待，还有一些人则认为这是一种人格障碍。无论根本原因是什么，我们努力摆脱这种关系的原因都在于虐待的循环。这一理论最初被称为暴力循环，由丽诺尔 · E. 沃克提出，用来描述她在虐待关系中发现的模式。由于并非所有的虐待都是暴力的或是伤害身体的，所以现在这一理论被称为虐待循环。

虐待循环分四个阶段，了解每个阶段的情况及其给人的感受非常重要，这样你就能更准确地判断你所处的关系，因为正如前文所述，并不是所有的虐待都能在短时间内被发现，而且虐待的普遍程度远远超乎我们的想象。

第一个阶段是“紧张期”。从“房间为什么这么脏”到“谁忘了买牛奶”，日常的小摩擦似乎在慢慢升级。施虐者可能会感到委屈、愤怒或不被尊重，并开始做出一些施虐行为。在此阶段，大多数受虐者说自己感觉如履薄冰；他们尽最大的努力让施虐者开心，这样自己便不会受到伤害。这种情况可能持续几个小时甚至几个月，但情况却不可避免地越来越糟，并升级至下一阶段。

第二阶段被称为“危机期”。这是虐待行为发生的时期，虽然在紧张期可能已经发生过少数的虐待事件，但危机期是虐待行为最严重的时期。无论是哪种类型的虐待，虐待行为都发生在此时期。

接下来的两个阶段会解答两个问题，即为什么摆脱这样一段毒害关系会如此困难，以及为什么许多人常年维持着这样的关系。

第三个阶段被称为“蜜月期”或“和解期”。在此阶段，施虐者会为自己的行为道歉，他们甚至会为受虐者买礼物，或者向受虐者发誓再也不会发生这样的事。有些施虐者甚至会威胁受虐者，通过伤害自己来弥补自己所做的一切，并为自己博得同情。

对于受害者来说，施虐者的行为令人困惑至极。虽然施虐者在施虐时通常不会承认自己在施虐，但在施虐后会立即进入“和解期”。他们快速地表现出后悔，这会让他们的伴侣认为施虐者会改变，毕竟他们并不是故意的。

许多观众给我留言，说他们相信施虐者会改变，并且还会认为如果自己是更好的朋友、女儿或伴侣，这种事情便不会再发生了。

最后一个阶段是“平静期”，在此阶段两人的关系将恢复正常。施虐者甚至会提出接受治疗的要求，同时继续为自己的行为道歉。随着虐待事件的继续上演，此阶段也随即结束。平静期是存在的，但即使有一段时间虐待双方关系恢复正常，施虐者也无法弥补对受虐者造成的恐惧，明白这一点非常重要。

我希望对这 4 个阶段的简要说明能够帮助大家更好地理解为什么人们会陷入虐待关系中。同样重要的是，虐待通常随着时间的推移而形成，如果不加以处理，一开始的激烈争吵可能会演变成暴力行为。所幸我们可以留意一些警示标志，这些标志可以帮助我们远离这种毒害关系。

第一个警示标志，你的伴侣希望你随时报告行踪，以便随时掌握你的情况。我知道这在恋情刚开始时或许既甜蜜又暖心，但每个人都需要一定的自我空间和自由，所有的健康关系都应建立在信任的基础上。所以在恋爱关系中，要确保双方能互相信任。

第二，你的伴侣总是让你出丑。即当你和朋友在一起，或只有你们俩在一起时，你的伴侣都会这样做。如果你的伴侣在别人面前取笑你，或透露你的隐私让你难堪，你要明白这种做法是不对的，你值得拥有更好的伴侣。

第三，你的伴侣经常因为一些无关紧要的事情翻脸。这可能会导致两人的关系进入紧张期，因为如果你的伴侣喜欢乱发脾气，你可能会尽最大努力保持正常，以防伴侣情绪失控。夫妻和朋友之间确实会偶尔争吵，但你不应该为了不激怒伴侣而谨慎地思考自己所做的每件事是否妥当。

最后一个警示标志是孤立，尽管每种虐待关系都有其特有的警示标志，但如果你的伴侣不希望你和其他人在一起，或是要求你在去任何地方之前都要征得他的同意，那就是虐待。这种情况的具体表现可能是检查你的手机和短信、不允许你自由地外出，甚至要求你和所有与你有联系的人断绝来往。施虐者有很多方式可以将你与外界隔绝开来，所以，一旦你开始觉得和别人的相处变得越来越难，你就需要考虑和治疗师谈谈了，或者直接结束这段关系。

黑洞：吞噬快乐与能量

我相信大家都非常熟悉这种毒害关系，这通常也是由一段关系中的一方造成的。我将这种关系称为黑洞，因为我们所有的兴奋和能量都被它吞噬了，什么也没有留下。你可能听说过这些人被描述成情绪化的吸血鬼，从你身上吸取你所能聚集的每一点支持和关爱。无论我们如何描述，这种关系都不能维系，而且非常有害。

我有一个多年的朋友，她只在需要我的时候才会给我打电话。我害怕她的电话或短信，因为我知道这会让我付出代价，而且这种代价将超出我的预设。换言之，我早已无心维持这段关系，我感到气愤，甚至开始怨恨她。但跟她断绝关系是件颇费劲的事，因为我们认识的时间太久了，而且我知道我是她唯一的密友。

回想起来，这应该是第一个警示标志。请从我的错误中吸取教训，如果你认识的某些人似乎没有亲密的朋友，或者他们总是和朋友产生矛盾，那么请不要与他们来往。相信我，这样能够节省大量的时间和精力，让你可以去做其他更有意义的事情。

幸运的是，随着年龄的增长，我确实变聪明了。当我在治疗过程中讲述这位朋友的故事时，我的治疗师问我从这段关系中得到了什么。我诚实地（而且悲哀地）回答道，我以前甚至没有想过这个问题。我只记得每当我们谈话时，她总是把话题转移到自己身上，因为她的问题更严峻，但我在出现心理问题后已经很多年没有和她联系了。

经过长时间的沉默，我说："我不确定我得到了什么。"后来我的治疗师说了一段我永生难忘的话：

> 卡蒂，健康的人际关系就像一个活期存款账户。每个人都必须定期地投入爱、信任和支持，这样才会有东西可以支取。如果没有存款，就不要想取款。

所以，在这段关系里，我从一开始就是唯一一个把钱存入关系账户的人。与治疗师沟通后，我决定她给这段关系存入多少，我就同样存入多少。如果她肯花时间给我打电话，关心我的生活，听我倾诉，那我也会以相同的方式对待她。

正如我和我的治疗师想的那样，她从来没有给我打过电话，也没有关心过我的生活，所以我也不必再为这段关系花费精力了。在过去的几年里，我们的关系结束了。

虽然这是一段毒害关系，但并不意味着断绝这段关系不会让我感到难过，或是我绝不会想念她。毕竟我们是多年的朋友。坦诚地说，我仍然需要花些时间来哀悼自己失去了一位朋友。

但在与她断绝关系以后，我感觉好多了。我在这段关系中经历的压力和内疚让我精疲力尽。结束了这种毒害关系后，我有精力结交那些心理健康的人，与他们建立良好的关系。

结束一段关系或许很难，但如果这是一段有害的关系，结束关系会让你如释重负，所以你应该快刀斩乱麻。就像所有其他形式的毒害关系一样，黑洞型关系也有一些警示标志。所以请牢记，不要犯和我一样的错误。

第一个警示标志是害怕朋友的电话或短信。如果想到要和他们谈话和陪伴他们就让你觉得疲惫不堪，那你应该少和他们打交道。

第二个警示标志是在和他们相处一段时间后，你感到精疲力尽。和他们聚餐后，甚至挂掉一个很长的电话后，你都会产生这样的感觉。如果之后的每一次相处都比刚开始时感觉更糟糕，你就需要审视自己从这段关系中得到了什么，这种审视对你会有帮助。

最后一个警示标志是，每一次谈话对方都以自己为中心。我们都有过这样的经历，有些人会不断地把话题转移到自己身上，不停地讲述自己的生活是多么的艰难。再强调一次，当你的注意力总是聚焦在对方的身上时，你就很难在一段关系中找到平衡。为了检验你们的关系中是否存在这样的问题，你可以试着告诉对方你在一周内经历了什么。在你讲述时，如果对方总是打断你，而你连一周内的一件事都讲不完，你就可以确定自己掉进了黑洞。

嫉妒：发狂的“绿眼怪”

最后一种我经常遇见的毒害关系是极度嫉妒的关系。这可能涉及一段关系中的一方或双方，柏拉图式恋爱和性爱关系中均会出现这种情况。虽然偶尔的嫉妒和吃醋是完全正常和健康的，但如果嫉妒战胜了理智，人们任由嫉妒的驱使行事，一段关系可能就会因此走到尽头。在性爱关系中，嫉妒往往出于缺乏安全感。人们担心自己爱的人会遇见更好的人，害怕伴侣欺骗自己，或者离开自己。正如你所看到的，人们所有的担心都是因为觉得自己不够好，或者不符合预期。所以许多心理健康专业人员认为，如果你不爱自己，就无法以正确的方式爱别人。

同样的道理也适用于柏拉图式恋爱关系，因为人们嫉妒别人的唯一原因就是认为自己拥有的不够多，或是认为自己不够好。我曾经嫉妒我的大学同学，因为我和他们不一样，我出身贫寒。我就读的佩珀代因大学是一所位于南加州的私立学校，学费高昂。学校里每个人都有新车、漂亮的衣服，他们从来不会为学费操心。而我却靠贷款上学，为获得尽可能多的奖学金努力学习，同时做着兼职工作。我嫉妒我的同学们，因为他们过得比我轻松自在。

我的嫉妒其实与我的同学或他们对我做的任何事都没有关系，我只是为自己感到难过，为自己的缺憾而伤心。我总是仰视着他们，认为他们的生活一定很美好、很奢华、很舒适。随着时间的推移，我发现金钱并不会让生活变得更美好；唯一能让生活变得更美好的方法就是对已经拥有的生活感到知足。我知道明白这个道理并不容易，但是对自己拥有的东西心存感激可以帮助我们改变自己的观点，并能让嫉妒荡然无存。

我将要讲的警示标志和特征适用于评估我们自己和我们的人际关系。之所以这么说，是因为当嫉妒产生时，许多事情都极其隐秘，或是只有藏在别人背后才能说出口，所以我们可能需要很长的一段时间才能意识到嫉妒的存在。因此嫉妒型关系的第一个特征是：你总想说别人的坏话，或别人总在背后说你的坏话。

毫无疑问，我们需要花费一些时间才能知道别人在背后做了什么，但如果你发现自己喜欢说别人的坏话、评判别人的处境或生活方式，那你就应该多关注自己。希望你能找到为什产生这种感觉的原因。转移注意力，关注自己的生活，让自己的生活变得更愉快，或是重新进行本书之前提到的练习，每天记录三至五件让你开心的事情，这样可以帮你创造一个平和的心境，让你远离嫉妒。

第二个警示标志是：这种关系让人感觉被控制。对方每时每刻都在追踪你的行踪，或询问你在做什么。他甚至会因为你跟其他人在一起而生气。可能你发现自己也有这样的情况。无论如何，你应该明白一段健康的关系建立在个人成长和发展的自由之上。如果我们扼杀这种自由，这段关系就会慢慢地窒息而亡。

最后一个警示标志是：为别人感到喜悦是一件难事。如果你在工作中获得晋升，对方会感到沮丧，因为你现在赚的比他多；如果你度过了愉快的一天，对方会感到气愤，因为他这一天过得非常糟糕。无论如何，你所做的一切只会让他感觉更糟。从这一点你就能看出一个善妒的人与一个宽厚的人之间的区别。

继续维持这种毒害关系会剥夺你的快乐，会让你感到愤怒和悲伤。但是，如果你尽力摆脱嫉妒的驱使，将注意力集中在令自己愉快的事情上，就能将自己从嫉妒中解救出来。所以，花些时间去留心别人说的话以及自己说的话吧，请确保你们所说的内容是积极向上的。

以信任、爱和互相尊重摆脱毒害关系

事实上，每个人在生活中都难以避免被卷入毒害关系中。在写这一章的时候，我甚至需要费神地挑选自己想要分享的故事，因为我经历的毒害关系太多了。

值得庆幸的是，我们可以选择学习和成长。当我们发现自己的行为被愤怒或嫉妒驱使时，就要引起重视。同时，我们在人际关系中要坚持做自己，做自己的感觉无比自由。此外，我们还需留意是否有人让我们感到疲惫不堪。

花些时间评估你的人际关系，辨别出其中的毒害关系，找出你想要改善的关系和你应该结束的关系。在整个过程中，我希望你始终考虑自己在这些关系中扮演的角色。我们犯的最严重的错误就是认为我们不应该为毒害关系承担任何责任。无论我们做了什么，是促成了他人的不良行为，还是主动地建立了一段关系，我们都需要明确自己在这些关系中扮演的角色。如果我们不这样做，可能会让一段段关系都以同样的方式结束。

在每一段关系中，都有两个人，每个人都扮演着自己的角色。弄清楚自己的角色是什么，明白什么做法是有益的、什么做法是有害的，我们就能改善关系。我们都应该拥有建立在信任、爱和相互尊重基础上的关系，请给自己经营这种健康关系的机会。

如果你还在怀疑你现在的关系是否有害，下面的小测试可以帮你理清头绪。

1. 你会推迟与对方见面的时间，或拖延回复对方的短信和电话的时间吗？
2. 和对方在一起后，你感觉很糟糕吗？
3. 对方曾经威胁会伤害你的身体或情感吗？
4. 对方经常阻止你独立行事吗？
5. 对方有没有向你借钱？借钱后是否还款？
6. 对方要求你提供过许多帮助吗？
7. 如果没有对方，你很难独自做出决定吗？
8. 你发现对方在背后说你的坏话吗？

9. 当你和对方在一起的时候，是否经常觉得如履薄冰？

10. 对方是否再三贬低你？

如果你对以上问题的回答都是肯定的，我建议你结束这段关系。如果可行的话，试着和对方交流你的感受和你想做出的改变。如果双方都想让关系变得更和谐，你就能扭转这些不良倾向。但是，仅凭一个人的努力是无法做到的。所以，你需要考虑自己的人身安全状况和心理健康状态，做出有利于自己成长的选择。

第 9 章

有效沟通是建立信任的关键

幸福人生的 9 个高效沟通锦囊

沟通在生活中非常重要，对人际关系的影响更是无须赘言。实际上，许多柏拉图式恋爱和性爱关系的结束都是因为缺乏沟通或沟通不畅。人们都说，良好的人际关系建立在信任的基础之上，但我认为，沟通才能让人际关系保持愉悦和健康。如果你不坦率地告诉对方你可以为他做些什么，你们之间就无法建立信任。因此，我认为没有有效的沟通，信任就不可能存在。

在深入了解如何提高沟通技巧之前，我认为正确地定义“沟通”这个术语非常重要。《韦氏大学词典》（*Merriam-Webster's Colle-giate Dictionary*）将“沟通”定义为“在同一个系统中通过符号、标记或行为在人与人之间交换信息的过程”。对我而言，沟通则意味着向他人传递自己的观点，读心术自然不在此列。牢记“沟通”的定义，我们就能与身边的人建立更友好的关系。

当有人要求你提高沟通技巧时，你可能会感到不知所措。每当你努力改变一个积习时，都需要花费一些时间和耐心。许多人都被告诫不要谈论自己的感受和担忧。在我小时候，父母不愿意让我知道生活中的艰难困苦，他们会跟我说：“一切都很好，快回去和你弟弟一起玩吧。”每当听到父母大声地争辩时，我都想去打探一二，他们就会和我说同样的话。

父母这样做是为了保护孩子。许多父母不希望孩子担心，或者对他们不能完全理解的事情感到不安。实际上，父母告诉孩子事实并与孩子进行更多的讨论，更有利于孩子的成长。沟通不仅能让孩子更好地了解已经发生的事情，还能教导孩子相信自己的感觉。

当孩子被父母告知一切都很好时，孩子们其实知道事实并非如此，所以他们就会质疑自己的感觉。如果孩子发现父母非常生气，听到父母提高了嗓门，但当孩子问父母发生了什么的时候，父母却告诉孩子“没什么”，这会让孩子感到困惑。在孩子看来，父母的所有表现都说明他们心烦意乱，有些事情不对劲。父母是孩子最信任的人，他们却告诉孩子一切正常。在这种情况下，到底是谁错了？孩子通常会认为肯定是自己错了，因此孩子就会否定自己的判断，甚至有证据支持他们的判断，他们仍会举棋不定。

我知道这种情况或许有些极端，毕竟所有的父母都曾隐瞒过他们的孩子，但更正确的做法是根据孩子的年龄以合适的方式告知孩子真相。父母可以告诉孩子，虽然争吵时有发生，但你们仍然爱着对方，这不仅能让孩子相信自己的感受和判断，还能让孩子明白两个人产生意见和分歧是一件正常的事。

如果没有人教导我们如何解决沟通不畅的问题，我们就会认为建立健康的人际关系是件困难的事，当他人与我们意见相左时，我们便会无力应对。我们可能会时常发现自己正处于被动的处境里，期望身边的人能够理解自己的想法。所以我们应该积极地学习新的沟通技巧和方法，让我们在想要反驳或解释时应对自如。沟通方式种类繁多、难以整合，但我们可以先尝试其中的一种可行的方法，并在尝试的过程中保持耐心。

记住，我们的一生都在以某种方式进行交流（也许是健康的方式，也许是不健康的方式），所以改变自己的沟通方式绝不会在短时间内完成。

警惕被动攻击

为什么大多数成年人觉得他人难以沟通？要回答这个问题，需要先了解被动攻击（Passive Aggression）。如果经常有人否定我们的感受，强调所有事情都“进展良好”，那么随着年龄的增长，我们就不愿说出自己的感受。因为对我们来说，谈论自己的感受是在浪费时间，我们要将精力放在其他事情上。此外，如果我们从小在家中就受到虐待，我们的大部分感受都得不到重视，就会导致我们忽视自己的真实情感。

将现在的问题归咎于过去的经历似乎有些老套，但人们正是在童年时期学习如何表达需求并让需求得到满足。如果没有人指导我们，或者我们的需求一再被忽视，就会产生持久的影响。为什么许多人会以被动攻击的方式行事？原因都可以从他们的成长经历中被找出来。

攻击本身是激烈的。当我们让自己的情绪凌驾于常识之上时，就会产生一个结果：和别人争斗。从冰球联赛上的对抗到规模浩大的战争，攻击可能产生任何可怕的后果。事实上，攻击行为不会带来任何好结果。主动攻击和被动攻击的区别在于前者容易被发现，而后者则难以被察觉。

当人们做出被动攻击的行为时，一般不会直接表达自己的感受，即便你询问他们，他们通常也不会说什么，表现得似乎一切如常。被动攻击的人不会让你知道你犯了什么错，也不会告诉你正确的做法。相反，他们会在背后使坏，故意刁难你，比如害你错过一个重要的会议，或清洗了屋子里所有的脏衣服，却唯独留下了你的。当你发出质疑时，他们会否认，或是完全忽视你。和这样的人相处时常让人感到难受，而且在很多情况下被动攻击会导致毒害关系的形成。

当人们的感受和想法不受重视时，人们常常会采取被动攻击的方式发泄心中的不满。实际上，我们可以通过自己的努力克服被动攻击的冲动。换言之，如果我们每天先明确自己的感受、了解自己的需求，然后利用本章中的沟通方法和技巧，我们就不会让自己和周围的人陷入不快。

当我们不知道如何表达自己的感受时，就会采取被动攻击。如果我们因朋友对待自己的方式而感到不快，但缺乏直接沟通的技巧，我们可以尝试寻找其他方式让朋友明白我们的感受。被动攻击是一种间接的处理方式，对人际关系有害。下面是一个被动攻击的例子：

> 我的朋友露西让我很生气，因为她没有选我做她的伴娘。我们在中学的时候就讨论过伴娘这个问题，但她居然选择了朱莉，我太伤心了。我不知道该怎么和她谈论这件事。她似乎很高兴，但我却很难过。新娘送礼会和单身女郎派对的日期越来越近了，而我也越来越生气。所以，在最后一刻，我决定不去参加她的婚礼，也不和她谈论这件事。她不停地给我打电话，问我在哪里，我也没有回应。说实话，看见她不高兴时，我觉得很开心，因为现在她也能体会到她带给我的痛苦了。

从这个案例可以看出，被动攻击并不能帮我们做成任何积极的事情，反而会毁掉一段关系。除非我们能清楚地了解自己的感受，并将自己的感受向我们所爱的人表达出来，才能阻止这种令人不快的情况再次发生。因此，克服被动攻击的唯一方法就是沟通。我们必须直截了当地告诉身边的人："我感到不快、沮丧（或受到了伤害）。"

直接表达并不意味着攻击，而是以一种透明的方式向他人说明情况。记录发生过的事情以及你对此的感觉是一个不错的方式，这将为你提供一个再次了解自己的机会，你甚至可以提前练习如何表达自己的感受。如果你容易紧张，你还可以尝试另一个方法，那就是想象对方的回应，提前做好对方听后会感到不快的心理准备。这样你就能设想表达感受时可能发生的所有情况。

我无意让大家觉得沟通是一件可怕的或难以应对的事情，因为沟通并不复杂，甚至还很简单。但生活中确实存在着许多害怕和他人交谈、害怕惹恼别人、担心自己被误解的人，我希望本章提出的建议可以帮助这些人。其他人则可以回想那些让人困扰的事件，想一想问题出现的时间、自己当时的感受。不要因为自己的感受而责怪他人（这是被动攻击，是不健康的沟通方式），试着讲述令你难过的事情，让他人听见你的观点，同时你也会听见他人的观点。

或许每一次的改变都不容易，一开始的进展会非常缓慢，你甚至打算中途放弃，但要继续不断地尝试。与其轻易放弃，不如坚定信心，继续行动。当你与旧习惯做斗争的时候，请考虑以下问题：

1. 我最近的感觉是怎样的？轻松还是焦虑？
2. 我照顾好自己了吗？上次做自己喜欢的事情是什么时候？
3. 过去的几天过得如何？是否与别人发生过冲突或小摩擦？
4. 有没有试着向身边的人表达自己的感受？
5. 是否感到麻木或忽视了自己的感受？

审视自己的感受和正在发生的事情，可以让你更好地了解是什么导致了自己的艰难挣扎。生活中没有事情会无端地发生，如果你能知道是什么让你产生了放弃的想法，就能更好地进行预防。例如，如果发现自己在压力大的情况下又回到了被动攻击的状态，那你就需要在这些时候更好地照顾自己，让自己得到充足的休息。你甚至可以每隔几天就对照以上问题审视一番，这样做可以帮你发现被自己忽视的低落情绪，并在情况恶化之前进行遏制。

就事论事，排除主观情绪

当你和他人出现分歧的时候，或是你提出需求的时候，这条建议最适用。就事论事并不代表你应该用你能够找到的所有证据或别人做过的所有错事来反驳对方，而是强调在看待问题时把自己的感觉和判断排除在外，保持客观中立的态度。

当你和他人发生争论时，就事论事可以让你不被自己的感受所困，公正地发表自己的看法。如果有朋友泄漏了你的个人信息，你和朋友发生了争吵，你可以这样解决：

> 我真的很生气，我以为你会为我的财务问题保密。虽然我没有直接要求你保密，但你是我最亲密的朋友，我希望我和你分享的任何事情都是我们俩之间的秘密。

以上表述只涉及发生了什么、我们的期望是什么，不会煽动情绪，也不会火上浇油，所以它更容易让人接受。如果我们一开始就将自己的情绪放在一边，只是就事论事，对方就能听见我们的观点，并给出他们的看法。如果我们带着愤怒和敌意，只会换来对方的愤怒和敌意。我们不知道是否存在误会，也不知道对方是否感到愧疚并想要道歉。如果我们只强调自己的愤怒，并不能解决冲突；只有保持冷静，就事论事，才能进行有效的沟通并解决问题。

当我们提出自己的需求时，这个技巧也同样适用。我经常告诉我的患者和观众，想让别人聆听我们、理解我们，就必须学会不把事情复杂化。

这个技巧还适用于向上司提出加薪要求，甚至适用于要求伴侣分担家务。你可以事先将自己的要求写下来并练习表达。举个例子，当你认为自己应该加薪但又不知如何开口时，先写下加薪的理由：

1. 我已经一年多没有涨薪了。
2. 从弗兰克离职到新人入职的这段时间，我除了完成自己的工作，还兼顾了弗兰克原来的工作。
3. 我在过去的两次绩效考核中表现优异，得到的评价是工作楷模。

尽量将理由控制在 5 点以内，陈述最重要的事实，避免对方失去耐心，或找不到重点。然后，将你想说的话串联起来。

你好，盖尔。今天我想跟你谈一谈加薪的事情。我已经一年多没有涨薪了，在新人接替弗兰克的职位之前，我一直在兼顾他的工作。而且我在过去两次绩效考核中都得到了工作楷模的评价。你能考虑给我加薪吗？

当你提要求的时候，要将自己的情绪放在一边，让对方倾听你的看法，认真地对待你提出的要求。虽然练习会花费一定的时间，但临阵退缩、不敢提出自己的需求更可怕。所以，无论你想提出的需求是什么，先写下需求，练习表达需求，然后实战，这样能让你清楚地表达自己的想法，并提高你的成功率。

共情思维：我理解你

在生活中，协商事情时设身处地为别人着想有利于建立良好的人际关系。只有这样，我们才能理解别人的感受，才能在一起愉快地工作。每当有某人或某事让我感觉不快时，我就会试着这样做。例如，我和一位朋友发生了争吵，因为我没有邀请她参加我的节日派对。在你认为我是个十足的坏人之前，我想先替自己辩解，因为我已经知道她要去外地探亲，所以才没有将她写进派对名单。既然我已经知道她不能前来参加聚会，为什么还要给她发邮件呢？

一个星期以后，她邀请我喝咖啡。我们见面后，她解释道，虽然她不能去，但如果我邀请了她，她仍然会很高兴。她还告诉我，在她的成长过程中，她从未拥有过亲密的朋友，别人举办生日派对时经常会忘记邀请她。她承认，为这种事生气有些傻气，但由于过去的经历，没有收到邀请确实会让她伤心。听了让她如此痛苦的原因后，我明白了她的感受，并向她道歉。

如果我倾听她的心声，让她说出自己的想法，就能避免这场争吵。敞开心扉倾听她的故事后，我理解了她。但是，不要认为我了解了她的想法并承诺以后都会邀请她，就意味着她是正确的，而我是错误的。这不是健康沟通的重点。我们的目标是以一种帮助成长和拉近关系的方式进行交谈和倾听。因此，如果有人愿意站在你的角度思考问题，你也必须这样对待他们。

如果你认为这条建议具有挑战性，你可以问问自己以下4个问题，帮助自己从他人的角度看待问题：

1. 我说过的话或做过的事是否曾被人误解？
2. 别人是否能够清晰地理解我的表达？
3. 说过的事情我是否都做到了？
4. 当他人生气时，我是否给他人留出了解释的时间？我问过他们的想法吗？

如果你在思考这些问题的时候感到困惑，这是正常的现象。人们似乎很难接受这样一种观点，即我们自己也要为产生的误解承担一部分责任。没有人喜欢犯错，也没有人喜欢受到指责，所以每个人都必须更积极地进行沟通，让沟通更加顺畅。设身处地为他人着想，认真地倾听他人的想法，就能避免无谓的争论。

轮流发言

我在为家庭或夫妻提供心理治疗时会使用一种非常棒的方法，这种方法可以阻止任何一场恶战，甚至能够帮助人们发现不健康的沟通方式。这是我使用过的最有效的方法——一张被称为“发言权”的黄色纸片。我在阅读《为婚姻而战》(*Fighting for Your Marriage*)时发现了这个方法，许多治疗师用它让患者轮流发言，让每个人的声音都能被听见。

“发言权”有一套简单的规则，我们每个人都应该了解和遵守。如果“发言权”在你的手上，你就可以表达自己的想法，但你的陈述应该是简洁的，并给听众时间来理解你的想法。如果你没有“发言权”，就必须倾听别人的观点，然后总结你听到的内容(不能发表你的观点)。从理论上讲，这种方法似乎很简单，但实际上许多人难以遵守这些规则。

对于家庭或夫妻来言，最困难的部分是倾听和总结发言者的想法。每个人都想立即反击他人的观点或是说出自己的观点！但他们必须等到“发言权”握在自己手中的时候，才能说出自己的感受，这真是一种折磨。在轮流发言的过程中，你会发现人们是多么不愿意互相倾听。如果我们不再思考如何立即进行反驳，且必须重复自己听到的内容，即便无法阻止争吵的发生，也能让争吵来得晚一些。

所以，当你与他人产生分歧时，这是你可以采用的另一种有效方法：保持安静，让对方说话，然后告诉对方你听到了什么，最后你再自由地分享你的个人想法。就像这样：

发言者："我很生气。我想告诉你，如果我在买好飞往佛罗里达的机票之前就得知你想多待一段时间，事情就会简单得多。但你却指责我情绪崩溃，这让我感觉更糟。"

倾听者："你责怪我没有及时告诉你我的行程安排，还将你的失望理解成崩溃，这让你更生气。"

发言者："是的。没错。"

此时，"发言权"交换。

发言者："嗯，我不认为自己的做法是一个重大的错误，但你说感到非常失望，我觉得你反应过度了。"

倾听者："你说我在突然之间就变了脸色，这让你很惊讶，完全出乎了你的意料。"

发言者："没错！"

刚开始的时候，这种练习会进行得非常缓慢，但你不会一直都如此缓慢地行事。认真倾听别人的看法是一种很好的练习，确定你理解了对方的观点，并分享你自己的观点。如果你在中途打断别人的讲述，或是针锋相对地进行还击，就无法理解别人的观点，让双方变得更加烦恼。许多无关痛痒的小事就是这样迅速地演变成狂风骤雨般的争吵，从而不可避免地对人际关系造成伤害。这种技巧可以帮助你学会倾听他人，同时也让他人愿意聆听你的讲述。你可以将此种技巧用在任何一个希望与你建立良好关系的人身上。不要认为此种方法只适合解决婚姻问题，它也适用于处理家庭问题和友情问题。

放下评价标准

在社交媒体时代，人们无时无刻不在与他人进行比较。因此，要保持平等的心态变得越来越难。虽然在社交媒体崛起之前，人们就时常拿自己与他人作比较，但现在人们不用出门就能完成这件事了。无论你承认与否，人们在生活中经常陷入一种与他人永无穷尽地进行对比的模式中。“我赚的是不是比他们多？”“我比她更幸福吗？”“她都结婚了，我简直太失败了！”无论遇到什么难题，我们都会从最亲近的人身上寻找相似之处，一旦无法找出这种相似，我们就开始大肆吐槽自己。

我们会根据自己的看法评价自我或他人，并以某个具体方面表现得最好的人物作为自己评判的标准。每当发现自己正无限地沉入这个评头论足的黑洞时，你需要记住的是，你不可能知晓所有信息。换言之，你知道的那些数字和因素并不完全基于事实，它们或许只是你自己虚构出来的东西。

之所以说“虚构”，是因为你永远无法了解一个人在生活中的真正感受和行为。你只知道他们说了什么以及你决定相信什么。因此，在你与身边的人交流时，你应该采用一种平等的姿态，这一点至关重要，因为人人生而平等。我会用自己的哲学信仰来解释这样做的原因，此外我将举例说明平等在沟通中的重要性。没有人喜欢他人用居高临下的姿态对自己说话，这种做法一定会制造冲突，并阻碍人的成长。

这一点在工作中非常普遍。很少有人在与下属沟通时能保持平等的姿态。但别着急，我们有很多方法可以改善这个问题。首先，关注你们之间的共同之处，与下属在平等的基础上建立联系和沟通。前文中提到的沟通技巧在此处也能派上用场，比如保持同理心和听取对方的观点。请记住，每个人都是有血有肉的人，每个人都希望在沟通中获得尊重。在某种程度上，你在一家企业里赚的薪水更多或是拥有的权力更大并不意味着你会被尊重。

虽然这种情况经常出现在与同事的关系之中，但每当我们确信自己站在了正确的一边时，也会出现这个问题。当我们无法聆听他人的看法，也无法站在他人的角度思考问题时，我们就会确信自己是对的。

当一个人坚持自己正确、对方错误的时候，沟通就会变得无效。这时候的对话已经不能被称为沟通，而是变成了争吵。只有将自己的假设放在一边，认真地听取他人的看法，沟通才是有效的。为了避免争吵的发生，请思考以下几个问题：

1. 在我做出判断之前是否给了他人说话的机会？

2. 我有没有认真地听取他人的看法？

3. 我能看清自己在这段关系中发挥的作用吗？必要时我会不会道歉？

4. 我会为了坚持正确的观点而破坏这段关系吗？

花些时间思考以上问题，并如实作答。第四个问题或许听起来有些刺耳，而且让人难以回答，但这是一个必须考虑的问题。如果这是你的最大障碍，你应该明白没有人是百分之百正确的。除非你认真地倾听他人的意见，否则你将永远无法理解一些不同的观点。如果你不能敞开心扉去倾听不同的观点，就会限制人际关系的发展，并渐渐地将自己孤立起来。

“自我”陈述

如果你曾经看过心理医生，很可能已经使用过这种沟通技巧。它所涉及的方方面面都与自我有关，强调自己的感受，确保你只为自己说话，这就是令人畏惧的“自我”陈述。虽然我知道这种技巧经常被过度使用，但它依然是十分有效的方法。如果我们只讲述自己的观点而不苛责他人，就为有效沟通创造了条件。

“自我”陈述是指自己对已发生的事件和自己的感受负责，而不责备他人。简而言之，不要说“你让我非常生气”，而要说“我很生气，因为碗还没洗！”这看起来似乎只是一个细微的改变，但它却能影响谈话的方向。

关于“自我”陈述，需要了解的是，你陈述的内容必须专注于自己和自己的经历，你要在不带任何意见和判断的前提下，表达自己的感受或看法。以下是使用“自我”陈述的正确案例和错误案例。

正确用法：

“我对这一切感到非常难过。”

“我对这些事情都不满意，我很生气。”

“我希望我们能心平气和地解决这件事，不要大喊大叫。”

错误用法：

“我真的很生你的气，你就像个孩子一样。”

“我希望你能更尊敬我的父母。”

“每当你提高嗓门，我就想大声还击。”

一个常见的误解是，以“我”为主语来解释某件事情时，你就能随心所欲地说话。但你会发现这种表达并不奏效。即便你只想表达自己的感受，很快也会变成对他人的责备和品头论足。因此，最好的做法就是慢慢来，确保你只讲述自己的感受和与自己相关的事情。

为什么“自我”陈述在心理治疗中经常出现呢？因为当你责备他人时，他们就会采取相应的防御措施。一旦人们开启了防御模式，就听不进你所说的任何内容。反之，他们会寻找你在表达中的漏洞，或是回忆过去受到的伤害，搜集对你不利的证据。所以，若想进行有益的沟通，双方都必须具备倾听的能力，用心地倾听对方的看法。

如果你试着不去责备对方，而是只说出自己的感受和想法，就会开始理解对方。为了证明这个技巧十分有效，请阅读以下两种陈述并留意你对每种陈述的反应：

1. 你总是这样！我讨厌你这样做，因为你让我觉得自己就像个傻子。我讨厌这种感觉！为什么你总让我产生这种感觉？
2. 每当我听到“你早该知道的”或是“你为什么要这样做？”这种话时，我都感觉很难过。我发现自己喜欢放马后炮，我总是觉得自己很笨。

这两种陈述方式给人两种完全不同的感受，因为第一种陈述方式充满了责备的意味，而第二种陈述则表现出对自己的感受承担责任的态度，并让对方了解了你感到难过的原因。每当我们需要向别人讲述一件难过的事情时，我们都会选择一种讲述风格，可以确定的是，选择后者一定会对人际关系的发展和改善产生有益的影响。

改变人际互动的方式总是很难，因为除了你自己，还有另一个人参与着互动，而你却无法控制对方的互动方式。因此，我会鼓励我的患者在做心理咨询的过程中进行此项练习，或让患者的伴侣加入此项练习。改变人际互动方式之所以很困难，另一个原因在于人们的许多行为源自根深蒂固的观点，就像是下意识的膝跳反应。因此，我在开始心理治疗前，总会先让患者留意自己在表达时是否经常使用以下句式：

“你让我……”

“我认为你……”

“我喜欢你……”

并不是每次采用这种句式都会给人际关系带来伤害，但这样的语气会让交流变得更具批判性和责备性。因此，当你与别人意见相左时，请留意这些词汇在你口中的出现频率。一旦你意识到这些词汇出现的频率过高并由此带来了负面的影响，你就需要努力改变自己的沟通方式，从改变每一个句式开始。

化开误解的最佳方式：积极提问

很多让我们感到沮丧甚至尴尬的事情都源自误解。当然，我也会因为过早地下结论而感到生气或内疚。花些时间提出疑问，并认真地倾听别人的答案，能够帮助我们消除大部分的误解。

实际上，许多误解的产生主要源自短信的发明。当你给某人发送了一条短信之后，对方的理解或许与你想表达的意思完全相反。想想看“所以你喜欢她咯？”和“所以你喜欢她？”在语气上有什么差别？在第二句话中，声调和重音都在“喜欢”这个词上，这给人的感觉是说话人要么在嘲笑你，要么认为你的“喜欢”不切实际。假如你漏掉了这样的点滴信息，整个谈话的氛围就消失了。

急于下结论是我常犯的另一个错误，尤其是在我二十出头的时候。当我和男孩约会的时候，如果一个男孩过了一整天才回复我的短信，那他就被我踢出局了，因为我认为这个人不值得自己花费时间。那时我从未考虑过对方是否在忙重要的工作或是有家人来访。可能对方在那一天里经历了许多件事，仅仅根据一次互动（或是一次失败的互动），我就得出了结论，除了我那永不停歇的瞎想和不合理的观点之外，我毫无依据。所以，这种判断不会带来任何好的结果。

因此，你应该从我的错误中总结经验，在下结论之前，花些时间向对方提问。我知道这个建议听起来似乎微不足道，但就在昨天，一位患者对我说，她认为自己的母亲讨厌自己。她说这话时语气坚定，令我深感意外。我问这位患者，她的母亲最近是否对她说过这样的话，或是做了某些事情引发了她的这种情绪。但她的回答是：“我也不知道，但我就是有这样的感觉。她早上向我问好后离开家的方式让我产生了这种感觉。”当时的我感到非常震惊。从什么时候开始父母对孩子说声“早上好”，然后出门上班也成为被讨厌的理由？

作为治疗师，我的职责要求我对患者进行提问，排除挡在我和患者之间的防御机制或误解。在这个案例中，正是患者的错误观念让她认为母亲讨厌自己。

于是，我对她发起了挑战："你有没有问过你的母亲她是否生你的气或是讨厌你？"我的患者立即陷入了痛苦："当然没有！我为什么要这么做？我不想知道她的真实感受！"我脑子里冒出了一句话："啊哈！我找到原因了！"在这样的时刻我总是感到很幸福，因为我在短时间内发现了真正的问题所在，也知道该采取什么措施来治愈患者了。

长话短说，她真正担心的是被自己的母亲讨厌，因为她的母亲在此前也曾参与过相关的治疗，于是我再次邀请她加入这次的治疗。在这次谈话中，我的患者向她的母亲问出了自己担心的所有问题，并得到了答案。我让她将母亲的话复述了一遍，并确定她听取了母亲的看法。治疗完成后，这对母女都表示感觉好多了。

在对这个案例进行随访之后，我发现在人们在感到被伤害或生气之前，最好的做法就是向身边的人提问，以验证自己的判断是否正确。

我知道，有时候向别人提问是件令人害怕的事情，因为我们时常担心得到的回答会验证出自己想法的确是错误的，但通常实际情况并非如此。在我的执业生涯和个人生活中看到的大多数情况是，为对方提供一个阐述立场、解释误解的机会，你会发现真实的情况与自己的预想大相径庭。

接受妥协，寻求双赢

想做到主动沟通并维持健康的人际关系，我们必须学会妥协。妥协会发生在各种情况下，可能是在一件小事上，如观看一部自己并不感兴趣的电影；也可能是在重大决定上，如为了方便对方上班而选择搬家。因此，找到一种健康的妥协方式非常重要。就像此前讨论过的其他事情一样，在一夜之间学会妥协并不现实，你需要慢慢练习。心甘情愿地放弃自己想要的东西并不容易，因此在学习妥协的过程中，你可以按照下文列出的步骤行事。

首先，对将要妥协的事情及其重要程度进行评估。现在你要放弃的这件事情会对将来造成什么影响？这件事情违背了你的所有信仰吗？你的妥协（或者不妥协）会给身边的人带来哪些影响？即便这些问题听起来很傻，你也需要耐心地回答。如果你需要更多的时间进行思考，那就给自己更多的时间。你也可以将自己不愿妥协的事情列出来，这是个非常有效的办法。对我而言，这份“不妥协清单”中会包括我的工作、领养一只小狗，以及探亲的假期。请思考生活中的哪些事情是没有任何商量的余地，然后将它们写下来。

其次，妥协的人不能总是你。这不仅不能解决问题，还会制造出新的矛盾。在一段关系中，如果一方总是对另一方做出让步却得不到任何补偿，一定会滋生怨恨，还会导致关系中的权力失衡。关系中的任何一方都应该享有一定的权力。这并不意味着你要控制一切事情，或是对他人施加强大的影响，而是要从这段关系中找到意义，认为自己是这段关系的参与者，适当地妥协，而不是一味地妥协。

再次，每当你选择放弃某些事物时，你也为自己获得了争取其他事物的权利。当你为了双方的利益做出妥协之后，你也应该为了自己想要的东西提出要求。比如，你想去山里度过跨年夜，你为此已经准备了好几个月，存钱、安排好一切事情等等。新年越来越近，你的另一半却告诉你，她的一位老朋友要前来拜访，她希望在家里陪伴朋友，去山里跨年的计划无法成行。这时候你可以选择妥协，同时你也可以提出要求——下个月再去山里度过一个长长的假期。如此，双方都没有损失，实现了双赢。

最后，永远不要在生气的时候做出让步。因为当我们情绪失控的时候，我们无法做出任何明智的决定。愤怒让我们无法站在对方的角度考虑问题，让我们拒绝采纳别人的合理建议。如果我们在发怒时还被迫对重要的事情做出决定，只会导致更多的争吵和怨恨。在第二天早上醒来后，我们才能意识到昨晚的争吵究竟是怎么回事，然后再一次陷入沮丧之中。或许我们可以暂时假装什么都没发生，但问题终究会爆发。正确的做法是，等待双方都冷静下来之后，再把自己的想法开诚布公地告诉对方。这种做法能保证我们在头脑清醒的状态下做出有益的妥协。

生活在一个所有人都目标一致的世界中固然十分美好，但我们也无需给自己太多的压力，因为这样的事情永远不会发生。现实生活中，每个人的计划、期盼和欲望都不相同。很多人会说妥协意味着没有人是胜利者。但是，我却愿意看到妥协的积极影响。或许你无法在某个特定时期得到自己想要的东西，但如果你愿意耐心等待或采取不同的方式，你就能与自己挚爱的人一起经历更多美好的事件。如果你选择站在一切事物的对立面，并要求他人按照你的方式行事，即便你能最大化地实现自己的目的，但这个过程中你只能孤身前行。所以，在我来看，这是得不偿失的。

保持耐心：沟通是长久过程

每个人都渴望与周围的人建立联系、加深理解，寻求友谊和爱情是人类的天性，但沟通不畅却阻碍了人们的交往，希望本章的这些技巧能帮助你解决沟通难题，教会你维持良好的、健康的人际关系。

与往常一样，当你尝试这些新技巧时，请保持耐心。每个人在成长过程中都会遇到一些问题，都需要克服一些不良的旧习惯，生活永远都不是完美的。我时常提醒自己和患者，我们追求的不是完美，而是不断进步。如果你学会使用“自我”陈述表达感受，而不是一味地苛责他人，你就已经取得了很大的进步。所以，为自己感到骄傲吧，并督促自己继续保持下去。

第 10 章

与过去的伤痛友好和解

在生活和工作中避免常见沟通错误并

修复破裂的关系

没有人是完美的。我们都会与人发生争吵，说出一些口是心非的话，做出一些违背初衷的事，让身边的人伤心。当我心烦意乱的时候，我也会口吐恶言，伤害那些与我最亲近的人，事后却又感到非常内疚。但是，这并不意味着人与人之间永远不可能拥有健康的关系，我们需要注意的是人际关系中的“绊脚石”，我们要找出这些“绊脚石”并研究其产生的原因。

在上一章，我谈到了成年人的沟通障碍往往源自童年时期的问题，可能是父母没有给予孩子足够的关注，也可能是孩子曾被人伤害。无论原因是什么，专业的心理治疗都能抚平过去的伤痛，让患者不再受到伤痛的支配。

我经常谈论“处理”和“克服”过去的伤痛，当你发现自己的异常行为源自过去的事情时，改变这种情况的唯一办法就是好好谈一谈过去的经历。这种“处理”意味着你需要找到一位自己喜欢的专业人士，详细讲述曾经发生的事情，直到它不再影响你的情绪。

如果你曾遭受了严重的心理创伤，则可能需要创伤专家对你的过去做大量的工作。当你承认已经发生的事情并与之和解，才能让过去的事情真正地过去。

你必须详细讨论每一种令你不安的情况，因为这会让你的大脑重新理解这些事件并将其归档。当某些东西让你内心受创或极度沮丧，你就会感到不堪重负，你的大脑便没有时间对刚刚发生的事情进行有效归档，这部分记忆便被遗留在档案室的地板上，等待你拾起来、整理好。重新归档就是心理治疗要解决的问题。如果不解决这个问题，那么每当你处于紧张或困难的情况下，曾经的创伤就会出现。

一旦你克服并归档了过去的伤害，接下来就可以改变不健康的沟通方式和人际交往习惯了。但是，在知道自己需要改变什么之前就开始盲目地行动是没有意义的，这就好像是在寻找一种你自己都不知道的东西。因此，你首先需要了解五种最常见的沟通错误，并找出对自己造成最大困扰的错误，制订避免再犯的计划。

不要在人际关系中“计分”

比赛中的计分能体现参赛者的胜负情况，但在一段人际关系中计分的人永远都是输家。如果你之前没有听说过“计分”这个词，那么我解释一下，计分是指在伴侣关系上对所有完成或未完成的事情进行跟踪记录，以确定谁付出得更多。例如，“我”在上周陪宝宝睡觉的次数是 8 次，而对方只有 3 次，那么这件事就会成为“我”在争吵中的有力证据。我相信，从这个简短的定义中你就可以看出计分对人际关系的破坏性。

当你计分时，你便改变了自己与他人的关联方式，你在以自我为中心看待一切事物。这意味着你为他人的付出只是为了提升自己，而不是出于爱或快乐。这种方式会让你感觉自己比别人更优越，因为计分可以证明你的朋友或伴侣做得不够。

计分还意味着无论你为伴侣或为自己做了什么，都会附加条件。似乎你的善行只是为了主宰对方，或让对方去做你想做的事。这种行为容易导致怨恨、被动攻击和不必要的争吵。但值得庆幸的是，一些简单的提示和技巧可以帮助你避开这个常见的陷阱。

首先，如果你决定为某人做某件事，请按照你的意愿去做。如果你担心做这件事只是为了证明自己在二人关系中付出得更多，那么请考虑做这件事是否让你感到高兴。为他人付出这一简单行为是否让你的心情变得更美好？如果你不确定或你的答案是否定的，那你便不是真心地想为他人付出，或许只是想通过比较让自己感到优越。如果你的回答是肯定的，你因为付出而感到高兴，那就继续做下去。

当你因为想要付出而付出时，便会建立并加强你与伴侣的联系。你想为伴侣做点什么，是因为这样做会让某些事情变得更顺利，进而改善你们的生活。当然，完成这个过程需要爱。付出能让人们体会到赠送礼物时的快乐，付出也能消除人们认为伴侣不够好或伴侣做得不够多的抱怨，让你认识到你们两人是一体的。因此，当你认为付出是一件快乐的事情时再付出，才能巩固你和伴侣的关系。

其次，快速回想伴侣最近做的事情。考虑对方为你做的事，这会让你抹除自己正在计算的所有分数。就像你回击自己的任何负面想法一样，你也可以回击任何想要计分的冲动。如果你发现自己心志不坚，总想证明自己付出得更多，那么你也需要证明伴侣同样在付出、在分担。例如，如果我开始思考："为什么我总是那个必须清理卫生间的人，而他从来不帮忙？"那么，接下来我会强迫自己这样思考："但他经常清洁地板、倒垃圾，我从来不用做这些事，实在是太好了。"

以上的这种练习可以阻止负面的自我对话，也可以阻止我们跟踪记录伴侣关系中发生的一切。尽管所有人都会在某个时刻进行记录，但这并不意味着我们是可怕的人，或是证明我们的伴侣关系注定会失败。这只能证明我们是人，我们必须与他人建立联系，以确保快乐和健康。

这种技巧有助于我们有意识地培养认同、感激能力。如果我们能寻找那些应该感谢伴侣的事情，我们的大脑中就不会产生任何计分的想法。

这种做法也可以彻底地改变我们的关注点，换言之，如果我们总在寻找应该感激伴侣的事情，我们关注的重点将完全放在积极的方面。这种小小的注意力转变不仅会改善我们与伴侣的关系，也会改善我们的整体情绪。

摘掉“沟通滤镜”

我们的行为都来自我们的生活滤镜。由于我们过去的经历，我们可能会在没有任何现有证据支持的情况下，假设事情会以某种方式发展，这就会造成本不该产生的冲突和不安。

这是我的一位观众的故事，可以帮助我们了解沟通滤镜的含义：

最近，我和男朋友乔的关系出现了一些问题。他总是很贴心，很爱我，但我觉得他酗酒！上周五、周六和周日的晚上他都喝醉了！所以，我在星期天将他送回他的住处，并对他发了火，让他不要再给我打电话。我知道自己反应过度了，但他连续三个晚上都喝醉了，这实在让人无法忍受！以前的他从不会做这样的事，我无法接受酗酒这个恶习。

我知道自己特别敏感，因为我的父亲在喝醉的时候就会打骂我的妈妈，而在我的成长过程中父亲总是醉酒，要是我最终像妈妈那样，我该怎么办？我不想要她那样的人生！现在乔一直在给我打电话，我不知道该怎么办！

正如你看到的，这位观众出于对酗酒的负面经验，而无法接受男朋友仅仅一个周末的狂饮。她的反应超出了事情的实际情况，这就是她感到困惑的原因。当我们用过去的经历过滤生活中的一切时，我们就会觉得生活是安全的、可预测的，但这样做也限制了我们创造不同回忆的能力。如果继续屈服于现有的滤镜，我们就是在继续坚持滤镜带来的信念，而不让自己有机会看见不同的结果。我们总是在无意中证明事情会以同样的方式出现，证明包括自己在内的所有人不会发生改变。在恋爱关系中，这种做法非常危险，因为人们可以更努力地做出改变，这也是本书（以及我的职业生涯）的意义所在！

事实上，每个人都可以改变、成长、摆脱过去！也就是说，过去发生在我们身上的事情不会永远控制着我们。我们只需要识别自己拥有的滤镜，并找出滤镜产生的原因，这或许需要花费一些时间，下面的这些问题将对你有所帮助：

1. 哪些话题总能启动你的情绪“开关”？
2. 哪些行为或情况会让你难以理解并感到愤怒？
3. 你的家人是如何相互沟通困难话题的？
4. 你如何解决生活中的冲突？
5. 在两性关系中，你对自己的伴侣有什么期望？你向他表达过这些期望吗？

回答这些问题可能需要花费一些时间，但我希望这会让你思考自己的成长经历以及这种经历对你的影响。这种经历或许是一件小事，比如你向某人送了一份礼物以表达自己的歉意，或是你曾在家中大声地宣泄情绪，但家人却不以为然。你的成长经历会影响你的看法，让你将许多异常的行为视为正常的行为。找出这些错误的行为，并了解这些行为对伴侣关系产生的负面影响，就能让你避免重复父母曾经犯下的错误。

似乎每个人都害怕自己会变成自己的母亲或父亲，但事实是，如果你不花费时间认识父母的错误，你就会变成那样。这并不意味着你要给自己的父母打电话，质问他们为什么要那么做，或者强迫他们为曾经的错误做出解释。与之相反，你应该思考父母的原生家庭环境，谅解他们的困难，找出他们决定要按那种方式行事的原因。我们的父母也是人，他们也并不总是清楚自己在做什么，他们也有自己的烦恼和难题，他们还来自不同的年代……考虑所有的因素会帮助我们更好地发现父母的问题。

既然我们已经找出了影响自己的问题，接下来就该分析当前的情况了。你是否经历过谎言或欺骗，从而让自己的人际关系陷入了泥潭？或是因为自己过于直接的沟通方式，导致了几段友谊的结束。除却原生家庭的影响，其他的生活经历也可能让你形成滤镜，因此请花些时间认真思考。所有的滤镜都会在我们与其他人的互动中发挥作用。

一旦你成功地识别出自己最常用的滤镜，我希望你注意这些滤镜发挥影响的时间，思考它们是推进还是阻碍了人际关系的发展。如果你发现它们阻碍了人际关系的建立，那么是时候消除它们了。这些滤镜通常隐藏在我们做出的假设中，为了摆脱它们，我们必须提出问题，设法正确地理解实际情况。

如果提问不适合当前的情况，你可以尝试从对方的角度思考问题。让我们用第一个例子进行练习。如果我的这名观众知道自己在看待饮酒问题时戴有滤镜，那么她在对男友大喊大叫之前就能从男友的角度看待这件事。也许男友只是看见自己最喜欢的足球队赢得了一场大型比赛，或是和一位来到城里过生日的朋友一起享受了聚会。他通常不会连续多天喝酒，因为他并没有对酒精上瘾，但他喜欢与他在乎的人一起庆祝这些大事。花时间了解对方的想法，可以帮助我们认识到自己的偏见并控制这些偏见。

永远不要把话说绝了

我们很容易养成极端化和绝对化的说话习惯，尤其是在我们感到不安时。我指的是那些指责和评价他人的言语。比如，“你再也别想和我约会了！”“为什么你总是让我难过？”在交往过程中，我们都听过或表达过这种评价，但这些评价不能解决或改善任何问题。

这种话语没有任何益处，只会伤害我们和伴侣的感情，否定对方为这段关系做出的所有积极贡献。使用极端语言，会让我们将自己的问题或不安归咎于伴侣，使我们与伴侣渐行渐远。但是，这种常见的错误很容易被发现，因此也很容易被解决。

正如你能想象到的，与你在乎的人交谈时，首先要避免使用任何绝对化的语言。最常见的用语是：总是、从不、不能、很、不会、不可能。如果你发现自己总在不经意间就从嘴里吐出这种词，那在说话之前先按下暂停键，吸一口气，然后替换掉这些词语。这里有一些简单的替换选项，如可能、有时、也许，你可以随意使用这些替换词。

你甚至可以再次利用那些令人难以置信的第一人称陈述句，用“我感觉到……”或“我们可以试试……”来开启对话，代替那些指责性的话语。就像之前谈到的那样，要通过更个人化的沟通方式创造对话和理解，而不是制造争论。注意自己做出指责性陈述的场景，并改变这种情况，这不仅能改善伴侣关系，也能改善我们与自己的关系，而我们与自己的关系是我们拥有的最重要的关系。

吵架并不意味着分手

每当我们与生活中的某个人发生争执时，我们都可以做选择。我们可以选择耐心地听取对方的意见，尽力达成协议或做出妥协；或是毫不退让，轻视对方，试图让对方屈服于我们的意志。

虽然生活中总有其他的事情会影响理性思考，但在面对分歧时，我们应尽力地告诉自己，事情会好起来的。这并非是说我们必须接受其他人的不公正对待，或者强迫自己依照他人的意愿行事，而是指我们应该具备看见双方立场的能力，并努力寻求有助于双赢的办法，因为我们知道我们彼此相爱、彼此关心，所以我将尽自己所能来解决分歧。

“我要马上跟你离婚……”或是“也许我们应该分手……”这种

威胁性的话语不仅伤害了彼此的信任感和安全感，而且还会妨碍我们采取妥协或解决方案。如果不存在不忠、谎言、虐待或极端不合的问题，我相信一段时间的痛苦不会导致分手。每一段关系都会起起落落，如果我们发现自己在遇见困难时总是选择逃离，那么我们的每一段关系都会以失败告终。

要阻止我们继续逃避，我们就必须承认自己的害怕。我们都害怕受到伤害，或是说，害怕坦诚真实的交往和沟通会让自己受到伤害。我曾经十分害怕受伤，从不让任何人真正地了解我。

我仍然记得自己当初坐在治疗师的面前，哀叹着又一段关系的结束，并告诉了她所有原因。我的治疗师一边倾听一边点头，当我停下来时，她对我说："你知道吗，卡蒂，你是一条河豚。""什么？"我问道。"你是一条柔软而敏感的河豚，每当有人靠得太近，你就会伸出你的刺，保证自己的安全，让别人远离。你就是这样刺走了你的前男友。"

当她第一次提起这个幽默的比喻时，我笑了，但它真正刺中了我。治疗师说得完全正确。多年来我一直像河豚一样与人交往着，且从未意识到这一点。这个问题让我增加了治疗次数，但我终于明白导致这种反应的原因了。在我的高中和大学期间，我一直处于一段非常坎坷的恋爱关系中。我遭受谎言、欺骗，最后我变成了一个自己都不喜欢的人。在分手后的很多年里，我一直拒绝约会，发誓再也不让自己受伤。

在我看来，坚持这一誓言的唯一办法就是不让任何人靠得太近。

如果他们不了解我，那么他们就不会对我造成任何伤害。就这样，我开始了我的河豚交往模式。

在意识到这一点之后，我的治疗师为我布置了一些家庭作业：记录我的自我保护冲动并思考它如何影响我的恋爱关系。我花了很多个星期完成这份家庭作业，在思考自我保护的问题之后，我意识到，在与每一位交往对象保持一定的距离时，我都感到孤独，它还让我时常被人误解。我不喜欢这样。所以我回到治疗中心，去了解了如何不再进行过度的自我保护。这个过程花费了一些时间，也曾遇到困难，但我首先要明确出现在我生活中的人需要拥有哪些特质，我才会考虑让他们走进我的世界。这些特质包括：诚实、表里如一和有耐心。

从那时起，如果有人表现得缺少某种特质，比如对我撒谎，或是不能遵守我们之间的计划，那我就会知道他不是合适的人选。但是，如果他的表现体现了这些特质，我便会一点点地打开自己的内心，开至自己觉得安心的程度。当然，我也会不时地产生推开他的想法，但我已经知道了这种冲动的来由，我已经能克服它，然后继续前进。

我知道我的河豚故事可能不适用于你在每次争吵后想要分手的情况，但请记住，两性关系永远不会是完美的，我们总会与自己最在乎的人发生最多的争吵，因为他们是离我们最近的人。正确处理观念冲突、应对失落情绪才能巩固我们与他人的情感联系，我们不能一味地用争吵解决冲突。

给自己一个机会，让对方靠近你、了解你，并用充满爱的方式处理任何分歧。克服了这些困难之后，你会和所爱的人走得更近。但是，你必须接受你们之间的分歧的存在。

治愈过去的伤害

前文介绍了四种最常见的沟通错误，很多人在日常生活中都会犯这些错误。如果你正在努力克服伴侣关系中的任何错误，请不要担心，除了第 9 章介绍的沟通方法和技巧外，还有其他一些方法可以帮助你平复内心的痛苦、避免可能会犯的任何错误。

首先，道歉。我知道，如果你认为对方造成了更多的伤害并且应该先道歉，那么让你道歉可能会很难，但如果你想继续维持这段关系，那么你可能必须先行一步。注意，只为自己做的错事道歉，并且要确保自己不会利用这个机会提起任何不开心的事情。道歉应该结束争吵，而不是引发另一场争吵。

其次，让对方靠近你。我的意思是，告诉伴侣你感到伤心或心烦的原因，告诉对方真正的原因，以及你为什么会做出这样反应，也许你可以这样说：

> 莱斯利，我只是想让你知道我为什么会有这种反应，为什么这件事让我感到非常沮丧。你看，你曾答应我，要和我一起参加那项大型工作活动，却在最后一刻取消了这个计划，

这让我非常生气。我觉得你最近经常在最后一刻取消计划。在我小时候，我妈妈就常常对我做这种事，你的行为让我发现自己又变成了当初那个生气的孩子。我想，这就是我做出了幼稚的反应并朝你发火的原因。我知道这不是发火的理由，但我只是想让你知道为什么我会这么伤心。

坦诚可以软化任何硬心肠，所以要多和伴侣分享自己的感受，让你的爱人更好地理解你。让对方走进你的内心也可以帮助他看到你的立场，同时也为对方制造了一个道歉的机会，虽然这可能不是初始目标，却是一个很好的附加作用。

此外，承认自己需要做出改变。使用这个方法需要提前做一些准备，你需要考虑导致伴侣关系脱轨的原因，以及防止事情再次发生的方法。回顾本章和前一章的内容，寻找这些办法。在你的情感经历中，你是否可以看到某些模式？你是否从未学习过如何进行正确的沟通？找出你在生活中需要改进的地方，并开始努力改变。同时，让你的伴侣知道你的关注点。

让他知道你在做什么，以及你让他一起参与的原因，这会让你知道对方是否也在为这段关系付出。如果对方没有付出，那么提前思考这件事会为你节省大量的时间和精力。正如前文所述，在一段伴侣关系中，需要双方的投入才能实现长久的改变。如果你独自行走在改变的路上，那么你最好事先知道这一点。

最后，让往事随风而去。这一步本应放到本章的开端，但我发现许多人在做出这个承诺之前都需要先完成其他步骤。如果你长久地沉浸于过去的痛苦之中，当你回过头时，你会发现痛苦一直在囚禁着你。因此，要想摆脱曾经受到的伤害，你必须有意识地从伤痛中跳出来，并保证不会回头。

这意味着你不再允许自己的思绪回到那场曾经的争吵中，一遍又一遍地重播当时的画面，直到自己感到万分沮丧，甚至无法再次面对对方。你还必须在遇见分歧时不提及过去的任何问题。我知道这一点实际操作起来非常困难，而且在此过程中你会不断地跌倒，不断地进行尝试，但正因如此，这才是愈合的最后一步。

要想摆脱过去继续前进，我们必须将过去的经历留在事情发生的地方，而不是用无法改变的事实再次伤害其他人或是自己。

休假，为自己提供治愈的空间

我们的沟通不仅仅限于友谊或伴侣关系，也必须满足工作需求。在工作场合，如果你需要休假，或者想对同事表达自己的不满，那么在开始对话之前你需要考虑一些重要的因素。

我们首先解决休假的问题。如果你的个人生活遇到困难，需要花费一些时间解决问题，你需要与人力资源部门进行沟通。与人事部门交谈时你应该考虑的是：他们的岗位职责是保护公司；他们处理所有关于招聘、解雇、培训和福利方面的工作。记住这一点非常重要，因为这意味着你不应该告诉他们多余的事。他们可能是友善的热心人，但你需要保护的是自己的工作，以及让他们认可你的工作能力。

既然你需要这份工作，并希望人事部门认为你仍然可以胜任这份工作，那你就应该只告诉他们最低限度的信息。

我总是让我的患者告诉他们的雇主，他们因健康问题需要请病假。这将确保你拿到适当的请假文件。然后你可以将文件带给你的治疗师、精神科医生或医生，让他们填写。

人事部门无权询问过多的问题，包括你正在努力解决的问题或是任何事情。这就是填写请假文件的目的，因此我总是鼓励我的患者告诉人事部门，将会有专业医疗人员填写文件，以便人事获得他们需要的所有信息。最后患者只需将文件提交给人事部门。

我介绍这种处理方式并不是为了吓唬你，或者让你认为自己会因为心理疾病而被解雇，但是，心理治疗这件事仍然会产生一些负面的影响。有太多的患者和观众告诉我，他们因为心理问题而被解雇或降职，虽然这是非法行为，但你并不能保证你的雇主不会想方设法做到这一点。

因此，为了保证你的安全、保住你的工作，可以只告知人事部门你需要请病假，并要求拿到合适的请假文件，在心理健康或其他领域的专业人士填写之后，上交给人事部门。

我还鼓励你跟老板简短地谈谈你的病假。同样，告诉他们你的身体出了一些问题，需要休息一段时间。既然他们是你的老板，他们应该直接从你的口中得知发生了什么事，并且知道你会离开办公室一段时间。你应该简明扼要地说明自己的情况：

> 老板，我的身体出了一些状况，我刚刚找过人事部门，希望休一段时间的病假。目前我还不能确定自己会休息多长时间，不过等我确定了请假的时间之后，我会第一时间告诉您。希望我能够快速恢复健康，继续工作。感谢您的理解。

简明扼要将会阻止你透露过多的信息。与之前讨论过的其他方法和技巧一样，我也建议你提前练习这一方法，对自己或他人大声地说出来。练习说话的方式，甚至模拟他们可能提出的问题，提前准备好回答。然后，当你进入办公室同老板和人事交谈时，你便能更有信心地提出自己的需求。

关于请假，我的最后一点建议是合理计划时间。我并非建议你每天都要高速运转，而是建议你设定小目标，与治疗师一起计划你的治疗方案，或是拟订强化版的治疗计划。休假能为你提供治愈的空间，让你感觉越来越好，但无事可做也会让人陷入恐慌或焦虑。与朋友和家人一起规划你的治疗和休假时间，可以确保你不被孤立，从而能避免病情的恶化。

此外，治疗机构经常人满为患，所以如果你也需要排号，请务必在休假前确定好治疗时间。在请假之前对假期做好规划可以确保你充分地利用时间。将自我照护融入假期中的每一天，将有助于改善你的情绪，并让你在每天都有一些简单的事情可做。做你需要做的任何事情，充分利用你的假期，因为随时随刻地改善自己的心理健康将会改变你的生活，我希望你能好好利用这种机会！

如何与同事打交道

虽然前文讨论的许多技巧可以应用于同事关系，但你还需考虑一些其他的事情。首先，你是否喜欢与你共事的某个人其实并不重要。同事不一定都是你想要成为朋友的人，你们是否相处愉快不应影响你与他们一起工作时的能力。即使你和他们不会成为朋友，你也必须找到最好的合作方式。

解决工作问题的最佳方法是在问题恶化之前迅速解决。这意味着你要比平时更多地进行沟通，并在出现分歧时立即解决问题。不能让某个问题在一夜之间恶化，也不能对其不管不顾。这并非建议你对所有同事采取咄咄逼人的态度，而是建议你直接面对正在发生的事情。例如，如果你和同事对会议安排有不同的意见，你可以这样表达：

> 我明白你更希望早点进行审查部分，但我们都希望教授技术部分。不如我们各退一步，你安排时间先进行审查，然后我再教他们使用新工具。你觉得可行吗？

快速解决分歧能让你与他人的合作进展得更顺畅。同时，这也让你不必与老板讨论这种分歧，继而老板也不必处理这种让人头痛的复杂工作关系。总而言之，如果你能找到恰当的合作方式，即使你不赞同他人的意见，也能让工作变得更轻松。

如果你不能做出适当的妥协，那么你与同事之间的问题将让工作变得麻烦，甚至让你无法完成日常工作。最后，你不得不把问题抛给老板或人事部门。虽然这是最后的办法，但如果你真走到了这一步，记住一些诀窍能让你更轻松地应对这个问题。

为了确保自己不会忘记想说的话，或者说出一些自己不想说的话，最好事先写下要说的内容。然后将这些内容精简成几条要点，清楚地说明已经发生的事，以及自己没能解决这件事的原因。练习你要说的这些话，想象老板或人事经理将会如何回应。这样做不仅能让你为面谈做好准备，还能帮你摆脱可能产生的愤怒或被冒犯感。请记住，你想要的是冷静地解决问题。

同时，看看自己要说的内容是否添加了主观判断时带有的蛮横无礼的色彩，你只需抓住事实，然后努力解决问题。这不仅有助于你保住工作，还可以保护自己的声誉。最后，如果和你意见相左的人对你提出了问题，思考一下自己将如何回答。如果你们在一间小办公室里工作，对方可能会猜到你是那个与老板或人事经理谈话的人，并与你对峙。所以，不要措手不及，你可以这样回应：

> “嗨，谢丽尔，我确实和 HR 谈了我们在工作中的问题。我希望我们能找到克服这个问题的方法，这样我们才能继续做好我们的工作。”

根据这个人的特点，你也许可以采取回避他的方式，或者采取询问对方是否想要谈论这个话题的方式。

如果你担心自己的安全问题或是你确实遭受过对方的欺负，那么与此人交谈时，最好有其他员工或人事代表在场。我们都希望与同事一起解决问题，但如果我们的办公环境对我们的身心健康不利，那就没有继续留下来的理由了。更新你的简历，寻找另一个能够让你享受工作并且能与同事和睦相处的地方。

如何处理工作中的争论和负面情绪

我知道有许多人所在的公司并没有设立人力资源部，在这种情况下，你可能不得不自己解决问题。但你仍然可以采取一些措施将争论和负面情绪控制在最低限度。

首先，不要打口水仗。当你说其他人的坏话时，不仅让自己失了风度，还会让自己心情不佳。专注于他人的消极事件会将你的注意力从积极、快乐的情境里移开，让你只关注出错的事情。随着时间的推移，这会让你很难看到自己周围发生的积极事件，让你感觉自己就像是负责所有麻烦的员工。所以，只对当前的情况发表意见，避免做出主观的批判。

其次，感受与行动无关。你和他人相处得不好，并不意味着你要在行为中表现出自己的不满。不喜欢某人并不意味着你要恶劣地对待对方。在工作之外寻找其他的方式表达自己的感受，例如参加健身课程或向治疗师倾诉工作上的压力。在工作时，想尽一切办法将你对同事的不满放在自己的心里。在行为中表现出这些感受只会让情况变得更糟。

再次，用善良扼杀遇到的任何问题。如果对方的态度十分糟糕，对你大吼大叫，那你就包容一点。向对方微笑，做出他们喜欢的改变,或者按照他们的方式做事。站在高处不仅让你看起来更值得尊重、更成熟稳重，也会显得对方幼稚、不专业。我知道，当某人对你态度粗鲁时，你很难表现出友善，但你仍然要试着微笑。记住，这不是你的个人生活，这只是工作。在工作中，我们无法选择与谁共事。

最后，告诉自己，不喜欢某些人是正常的现象。世界上有许多不同类型的人，人人都有自己的偏好和缺点，我们不可能与每个人都相处得愉快。你越早接受这一点，就会感觉越好。但是，如果你必须与自己不喜欢的人进行合作，那就限制自己与他们共度的时间，选择他们没有参与的其他项目，然后专注于自己的工作。减少自己每周与他们待在一起的时间，避免感到疲惫或是对工作产生厌烦情绪。

我值得拥有幸福、健康的人际关系

无论你是已经拥有了健康的人际关系，还是正在努力建立一段健康的关系，通过练习，你都可以让自己和他人的关系变得更轻松、更融洽。任何伙伴关系都需要双方的共同努力才能维持良好的状态，我希望本章提供的方法和技巧能让你对建立起长久的伴侣关系充满信心。

学习新技巧绝非易事，你将被旧习惯绊倒，但请继续尝试。当你用这些沟通技巧改变自己的行为，并将其运用得越来越自如时，你会发现自己遇到的分歧越来越少，自己的心情越来越好。每个人都应该拥有幸福、健康的人际关系，所以为自己制造一个培养这种关系的机会。如此，你将发现与他人进行沟通的益处，并最终得到周围人的支持和喜爱。

此外，请记住，你可以放弃任何一段不良的关系。许多人都曾在一段不健康的关系上花费了太多的时间。虽然你可以尽力避免无效沟通，但如果对方不愿意与你合作，你也不必继续坚持。你应尽力做到公平，并让对方知道发生了什么。但如果事情变得越来越糟，你就应该明白，有些人只会让你的生活变得不愉快。

第11章

幸运的是，我还有更多选择

在我们需要帮助的时候，

如何得到更多的帮助？

一般情况下，每周见一次治疗师是不够的。你可能会注意到，自己在每周的治疗中谈论的内容太多了，却始终没有抓住所有正在发生的事情。在治疗过程中，我们甚至会突然重拾过去的不健康习惯，或者会发现自己的病情在继续恶化。我知道这些经历会让人感觉很糟糕，但这都是常见的现象，这些现象在告诉你，你需要更多的专业帮助。好消息是，你有很多选择，你只需知道如何做出选择，以及如何提出要求。

我在工作中会寻找 5 个危险标志，出现这些标志，则表示患者需要更多的帮助。

第一个标志，正如前文提到的，治疗的时间不够。如果患者无法解决本周发生的事情，也就无法解决过去存在的问题，这便表明患者需要更多的支持。我将这种时期的治疗视为原地踩水：患者无法到达目的地，但也没有被淹没在症状中。治疗应该是一个进步的过程，患者应该感觉到自己正以缓慢而稳定的步伐朝着目标前进。

同时，你还需明白，每位患者都会经历原地踩水的治疗期。当治疗变得紧张或是让人不知所措时，患者就会感到吃力。在我订婚时，我暂时停止了治疗，但两份工作和计划婚礼的压力让我不得不重新接受治疗。我甚至在几个月的时间里每周进行两次治疗，直到我认为自己能够更好地管理所有事情。每个人都会经历需要增加疗程或是改变治疗计划的时期，越早做出这些改变越有利于治疗。

第二个危险标志，患者想要继续使用过去的不健康的应对方式。这可能是使用成瘾物质的冲动，也可能是与所爱的人进行争吵的冲动。人们总是容易重拾糟糕的习惯，所以请注意，如果它们在你的脑海中出现的次数越来越多，你需要保持警惕，并根据自己的需要寻求额外的帮助。越早得到所需的帮助，就越有可能摆脱不健康的方式。

第三，患者无法表达自己的需求，并认为这么做异常困难，这也是一个危险标志。这并不是说沉浸在痛苦的记忆中或陷入新的痛苦境地就表明你需要更高级别的治疗，而是指你无法谈论这种痛苦，并且没有任何好转的迹象。在这种情况下你就应该寻找一个更能帮助你的环境。加入治疗小组或是接受强化治疗可以让你感到更安全、更舒适，借此机会，你也能谈谈自己经历的事。

对于患者和治疗师而言，患者无法表达自己的需求是最令人沮丧的。或许你喜欢你的治疗师，你想就某些事情寻求帮助，但困扰你的真正根源仍然存在。你不断地进行尝试，想解决这个问题，尝试着处理所有发生的事情，但你就是做不到。这就是你需要寻求更多支持的原因。更多的支持意味着和治疗师待更长的时间、更频繁地见面、安排更密集的治疗方案，甚至是接受住院治疗。找到合适的治疗方法将有助于你真正地从治疗中获益，并找出问题的根源。

第四个危险标志，对治疗师撒谎。许多患者在治疗时都会隐瞒自己的近况。他们讲述自己正在做所有的功课，自己吃得好、睡得好。我相信了他们说的话，但在几个月后，我发现这一切都是谎言。这些谎言经常出现在治疗过程中，有时候是因为家长陪同孩子前来进行治疗，让我得知了家里的真实情况；有时候是因为我注意到患者取得的进展与我在办公室里观察到的情况不符。

当我向患者表达自己的担忧时，他们通常会说自己只是想让我为他们感到骄傲，或者害怕我会将他们推荐给治疗中心。无论出于什么原因，如果你无法将自己的真实状况告知给你的治疗师，那么你或许应该考虑其他的治疗选择。此外，你还需注意的一点是，这也适用于相反的情况：假装自己的情况比实际的更糟，以确保自己继续获得足够多的治疗支持。无论你是何种情况，这都表明你现在接受的治疗并不适合你，你需要另一级别的专业帮助。

第五个危险标志，患者无法维持日常生活。无法维持指的是你不能继续上班或上学、无法与你所爱的人交往或互动、无法妥善地照顾自己。这听起来或许很极端，但这是你需要更多帮助的明显标志。让人惊讶的是，许多人自己并没有意识到事情的严重性，直到被他人提醒。此外，如果你没有与关心自己的人住在一起，那你无法维持日常生活的这一事实就可能会被一直忽视，直到最终有人来到你家里，或是你的情况被治疗师发现。

当你发现自己无法应对生活需求时，你需要快速获得更多的专业支持。因为这是一种更加极端的情况，所以你需要的帮助很可能是住院治疗（至少是日间治疗）。治疗方法种类繁多，单说它们的名称或首字母缩写并没有意义，所以你应该首先明确自己有哪些选择以及这些选择有什么区别。

根据自身需求接受适当的帮助

首先，我想发表一份免责声明：

请记住，我是一名经过专业培训并在美国加利福尼亚州执业的治疗师，我对心理治疗、护理系统的所有经验和知识都来自我工作过的地方以及多年来与我合作过的人。

每当你发现自己状态不佳并决定寻求专业帮助时，你拥有多种选择，选择接受何种帮助取决于你的需求，这实在是一个好消息。我在第 3 章简要地介绍了不同的治疗级别，但最关键的是你要知道每种治疗名称和首字母缩写在时间度量上的意义——从门诊半天治疗到全日住院治疗，这是你将在治疗机构里花费的时间。此外你还需了解每种治疗类型的情况。虽然你在一时之间难以找出对自己最有利的治疗方式，但你首先要考虑以下几点：哪种治疗是自己能负担得起的？自己在生活中应对各种活动的能力是怎样的？自己希望一周参加几次治疗？是否能够休假？

谈到休假问题，我想强调“能够”这个词，因为这意味着你将休学一年，或者向老板提出病假申请。在实际的治疗过程中，我的患者或观众常常推迟升级治疗级别，因为他们害怕会因此花费大量的时间。如果你有幸能抽出时间，那么现在就去接受治疗，因为只有为心理健康投入时间和精力，生活才会变得更好。

门诊：在日常生活中定期问诊

门诊患者（Outpatient）一词来自医院机构，正如大多数心理健康术语解释的那样，《韦氏大学词典》将其定义为“在医院、诊所或相关设施进行诊断或治疗但不住院留宿的患者”。这种类型的治疗几乎适用于你在日常生活中接受的任何治疗护理，它可能是每周一次的心理咨询，也可能是每月一次与精神科医生的会面。这种治疗定期进行，你在预定的时间内接受治疗，然后离开。

门诊治疗是我在私人诊所提供的治疗类型。我的患者每周前来接受 1~2 小时的治疗，这种治疗不会影响他们的日常生活。除了突发的紧急情况之外，患者能够将我们在治疗中所做的练习应用到生活中。他们可以照顾自己，承担自己的责任，只需接受每周一次的支持和指导。

大多数患者最初接受的治疗是门诊治疗，因为这种方式最容易安排时间，是最低级别的治疗。而且，门诊治疗一周只需花费 1 小时，如果你不想让身边人知道自己正在接受治疗，那就没人会知道。

如果你发现每周一次的治疗非常有效，并且自己能够应对生活中发生的事情，那这就是好的治疗选择，因为你得到了自己需要的支持。如果情况相反，你也无需担心，因为你还有许多其他的选择。

强化门诊干预项目（IOP）：解决特定问题

如果你已经增加了门诊次数，但发现病情仍然难以好转，那么下一步就是接受强化门诊干预项目。一些人称之为强化门诊治疗（IOT），由于强化门诊干预项目的用途更广泛且两种名称的含义相同，所以我将此级别的所有治疗统称为强化门诊干预项目。

强化门诊干预项目通常关注特定的问题，即每个治疗项目针对不同的心理疾病。有些项目针对饮食失调症，有些项目针对成瘾问题，还有一些则是针对抑郁症。无论你遇到了什么问题，请务必选择合适的治疗项目。强化门诊将在一周内的 3～5 天里为患者提供 10～20 小时的治疗服务。在此期间，你可能会接受治疗师一对一的治疗、参加团体治疗、约见精神科医生或全科医生，或是约见营养师。简而言之，强化门诊干预项目是一站式服务，将满足患者的所有治疗需求。每家医疗机构都有自己的治疗时间表和项目安排，因此你需要详细地询问服务内容，以及每项治疗需要投入的时间。

我的许多患者都能在继续工作、上学的同时接受强化门诊干预项目。因此，对于无法长期休假但需要更多支持的患者而言，强化门诊干预项目是一个很好的选择。此外，保险公司通常会对该级别的治疗进行全额报销，或是只扣除少量的免赔金额，因此患者较容易获得这种治疗。如果强化门诊干预项目仍然无效，你觉得自己仍然在艰难挣扎，还有其他的治疗类型供你选择。

半住院治疗项目（PHP）：阻止病情复发

更进一步的专业心理健康护理选择是半住院治疗项目。通常情况下，提供强化门诊干预项目的医疗机构都会提供半住院治疗项目，这两种治疗项目非常相似，只是后者的治疗频率更高、强度更大。半住院治疗项目每周进行 5～7 次的治疗，每次治疗都要求患者在诊所待上大半天的时间。半住院治疗项目是患者在生活能够自理的情况下，可以接受的最高等级的治疗方式。

每当我将患者转诊至半住院治疗项目时，我都会让患者知道，为了让治疗发挥出最大的功效，他们需要像对待工作一样对待治疗。在此阶段投入大量的时间和精力，可以让患者避免住院治疗，并拥有一定程度的自由。接受半住院治疗项目意味着患者在一天中的大部分时间内已经无法管理自己的生活，并且正在尽最大的努力阻止病情的复发或恶化。半住院治疗项目的总体目标是帮助患者控制病情，让病情好转，最终恢复正常生活。

半住院治疗项目还可以作为住院治疗中降低治疗强度的过渡步骤。换言之，如果患者已经接受了几个月的高级别治疗且治疗效果显著，接下来患者就会进入半住院治疗项目。这时，治疗机构会让患者回家并慢慢回归正常生活。对于许多患者而言，最困难的部分在于他们将不得不回到自己的现实生活中去，而现实生活里总是充满了难题。因此，缓慢地调整治疗级别，每次降低一个级别，能让患者更顺利地完成治疗与生活之间的过渡。

寄托治疗：全天候的支持

当患者已经花费了大量时间进行治疗，但仍然感觉糟糕、难以应对正常生活时，下一步就应考虑接受寄托治疗（Inpatient/Residential Treatment）了。寄托治疗项目将严格地安排全天的时间，你会知道自己在任一时间该做什么事。这种程度的治疗意味着你会得到持续的支持和全天候的帮助。医护人员会为你制订一份详细的日程安排，让你感觉每天都得到了支持并感到安心。

我曾在一家饮食失调住院治疗中心工作过多年。在那里，工作人员对患者的时间安排精确到每小时，许多患者根本不会有独处的时间。中心的所有女性必须在某个特定的时间起床，然后吃早餐，甚至每顿饭都规定了时长。然后，患者将从集体治疗小组转向个人治疗项目。进入住院治疗中心意味着患者为了治疗需要放弃大部分的自由。当然，患者可以选择随时离开，但如果患者选择留下，就需要遵守规则并参与治疗项目。

这些治疗中心都有严格的规定，让患者远离令他们感到痛苦的事物，确保患者的安全。如果患者需要这种程度的支持，是因为患者无法相信自己能够做出正确的决定，他们需要他人的辅导，来帮助他们做出健康、正确的选择。我在治疗中心工作之初，负责一名患者的“obs”，即观察（observation）。每顿饭后，我都要跟着她，观察她的一举一动。我知道这听起来可能让人觉得不可思议，但这是为了确保患者不会催吐或是采取其他饮食失调行为。换言之，观察是为了帮助患者更快地康复。在实际操作中，这种观察对我和患者两人而言，都是非常不自在的，因为我甚至要陪她去洗手间，或是在她给母亲打电话时依然坐在她的身旁。

当你意识到自己无法做出选择时，你也就放弃了选择的自由。这并不意味着你是多么软弱或凄惨，而是表明你意识到自己的病情已经非常严重，你需要全天候的专业护理才能阻止病情的恶化。人们为了治疗肺炎而住院数天或数周是一件很正常的事，在我看来，精神疾病和肺炎没有任何不同。选择更高级别的治疗不是一件轻松的小事，这体现了患者强大的内心，我们应该为他们鼓掌。

住院治疗：必要的安全保障

当你考虑是否应该让所爱之人接受住院治疗（Hospitalization）时，需要思考以下几个问题：

第一，他们是否会伤害自己？即他们有自杀的倾向，你担心他们会试图自杀而不能让他们独处。这通常是心理健康专业人员首先要辨别的情况，他们可以以此要求患者立即前往医院，接受治疗。

如果你爱的人出现了伤害自己的行为，制订了自杀的计划，并显示出他们会立即采取行动的意向，请立即带他们前往医院，这样可以挽救他们的生命。

第二，他们是否会伤害他人？换言之，他们打算杀害他人。如果他们正在接受治疗，他们的治疗师或其他心理健康专业人员会将情况告知给警察，让警察或其他相关机构的人员将这类患者送往医院，强制患者留在医院并对其进行观察。警察还会提醒潜在的受害者，并在紧急情况结束前尽力为他们提供帮助。

我知道上述两个问题是最极端的情况，但如果某人对自己或他人构成了威胁，作为心理健康专业人员，我必须按法律要求确保这类患者能被安置在医院里，并被采取安全措施。许多观众向我讲述了被迫治疗的糟糕情况，且治疗效果甚微，但到了这一阶段，我们首要关注的是安全。因此，即便这类患者没有做好去医院的准备，他们也会被迫接受住院治疗。

第三，患者的病情是否已经严重到需要强化的身体护理？例如，我接触到的许多饮食失调症患者在身体出现严重不适之前都不会接受门诊治疗，所以这不是治疗师可以帮忙解决的问题。出于这个原因，我在接诊前总是要求患者进行一次全面的体检，如果他们不仅需要心理治疗，还需要身体护理，那么医院才是最适合他们的地方。

第四，患者是否愿意接受住院治疗？我曾经遇见过一些患者，他们很难留在治疗机构中接受治疗，当治疗周期太长时，他们会自行出院。但当患者签下参加住院治疗的文件之后，他们通常会被安置在封闭式的楼层里，未经专业人员的同意，他们将无法离开。当然，每个治疗项目会有一定的差异，但大多数的住院治疗项目都采取封闭式管理模式。因此，患者在报名参加住院治疗之前需了解住院规则。

最后，我还需强调一点，并非所有地区都有提供寄托治疗和住院治疗项目的医疗机构。许多人发现自己应该选择门诊或住院治疗，因此不得不做出相应的选择。要知道，只有你自己最了解自己的病情，也最能确认自己需要哪些支持和帮助。所以，请对自己和那些试图帮助你的人保持坦诚，并立即开始适当的治疗。

制订一份自我照护计划

一般情况下，“复发”一词只用于成瘾症治疗。不过，“复发”也适用于许多其他情况。例如你正在抵御抑郁症，并认为自己的病情得到了改善，但在经历了一个紧张的时期后，你发现原来的症状又出现了，这种情况就被视为复发。《韦氏大学词典》将复发定义为“倒退、恶化或减弱的行为或实例”，以及“经过一段时间的改善后疾病症状的再次出现”。由此可见，“复发”一词适用于多种疾病。以下是一个关于复发的例子：

> 我很高兴自己之前接受了治疗，并且使用了抗抑郁药物。我从来没有这样开心过，甚至后悔没有更早地进行治疗。但不知从什么时候开始，我一天比一天疲惫，对原来喜欢

做的许多事情都失去了兴趣，然后我突然意识到，自己又一次抑郁了。这到底是怎么发生的？我以为自己已经完全好了起来，感觉找回了真正的自我，但我现在担心自己又回到了原点。哎！

我更喜欢将复发称为“跌倒”，因为它会发生在每个人的身上。没有人是完美的，我们应该像对待生活中的其他事情那样对待我们的心理健康。你不会期望自己在开始一份新工作后不犯任何错误，你也不会期望自己永远不和约会对象产生分歧。心理问题的改善也是如此，有时候一切进展顺利，有时候却不得不付出巨大的努力以保持良好的状态。

这就需要我们了解“复发”的定义。复发就意味着病情已经完全恶化，你又回到了原点吗？还是意味着你只是跌倒了并需要回到正轨？花些时间思考复发的定义，或许你还可以设置自己的唯一定义。这可以让你在经历艰难时期时保持积极性，甚至可以改善你的自我对话。如果你不知道如何定义复发，以下是一些提示：

1. 如果你看见他人跌倒了，你认为这意味着什么？
2. 一团糟和复发之间有什么区别？
3. 你认为与复发相对的状态是什么？
4. 什么时候你认为自己病情复发了？当时的情况是怎样的？
5. 你如何判断自己的病情复发了？

这些问题听起来或许有些奇怪，甚至有些愚蠢，但它可以帮助你检查自己的信念和定义。如此，你便不会对自己太苛刻或太松懈。你甚至可以和你的治疗师一起完成这项练习。通过提问，你将和治疗师共同决定将会采取的治疗措施，而不仅仅是在两次治疗之间增强自我照护。

患者能够使用描述性的语言对治疗发挥着至关重要的作用。患者有能力表达自己的感受，能让专业人士知道他们的意愿。一位患者认为的旧病复发的感觉，可能另一位患者只将其视为艰难的一天。所以，了解自己的极限，了解自己在何时需要更多的帮助，只有这样你才能确保自己能够及时地获得所需的支持。

什么会触发情绪和症状？

我讨厌“触发”这个词，因为这个词经常被人们滥用。但是就本话题而言，“触发”是我能想到的描述启动复发过程的最佳用词。每个人都在努力地应对生活中的各种问题，所以我无法列出每一个潜在的触发因素，然后让大家避开这些因素。与之相反，我想重点介绍如何根据已知的事件找出复发的原因。

首先，请你回顾自己首次出现症状或是首次使用不健康的应对技巧时的情景。例如，你第一次喝酒或是第一次服用上瘾药物是在什么时候？如果困扰你的不是这类问题，那么，你第一次感到沮丧是在什么时候？或是你第一次焦虑发作是在什么时候？回想这些首次经历，然后思考当时发生的其他事件，试着找出压力来源和生活中的重大变化。如果你不知道从何处入手，可以参考我的一位患者的例子：

> 我知道这听起来不太正常，但我在很小的时候就会感到焦虑。我清楚地记得，在我还是婴儿的时候，我听见父母大声地对着对方尖叫，然后我就把手指伸进了家中的地毯里。当时的我还不满一岁，我甚至记得自己躺在丑陋的棕色粗毛呢地毯上，晃动着手指。
>
> 我从未告诉过任何人这件事，因为我担心这表明我的焦虑是天生的。我一直担心自己无法做出任何改变。但当我回忆起这件事以后，我意识到，这或许就是我讨厌争吵的原因。这种厌恶一直持续到今天，争吵总是让我陷入恐慌。

我知道并非所有人都能回想起那么久远的事情，但你可以看到，回想首次经历,能让你对触发因素有更深入的了解。对这位观众而言，触发恐慌的因素是大声争吵，更深层次的因素或许是被忽视，因为他的父母在争吵时没有关注他，这让他感到非常不安。

其次，列出导致你首次出现症状的所有可能事项。这些事项可能是你当时所处的环境、当时在你身边的人，或是你当时的情绪，甚至是你当时的某段人际关系。不必评价这些事项，也不必担心这份清单太长。列出你能想到的所有事项，并筛除那些今后不会再次发生的事项。完成这份清单时请给自己留出充足的时间，因为回想过去发生的一切并对信息进行整理是一项费时费力的大工程。当你回忆的时候，也可以简要地记录相关的事情。

最后一步，对清单上的事项进行测试，找出那些触发你病情的事项。我并非建议你复制那些让你病情复发的情景，而是建议你回顾上一次的焦虑发作或其他症状的出现，找出潜在的触发因素。做一些个人研究，看看在自己极度痛苦的时候，周围都存在着哪些事项。完成这项任务后，你会找出那些给自己带来痛苦的情景、人物或情绪。然后，将这些信息反馈给你的治疗师，并学习如何更好地管理它们。完成此项任务还将帮助你更好地了解自己的病情，防止病情的复发。

微小改变：休息、充电、关心自己

当有些患者对我说，他们周围的人经常触发他们的症状、引发他们的不安时，我立刻就能判断出这些患者不知道如何照顾自己。这听起来似乎有些刻薄，但每个人永远都无法控制周围的其他人，如果你总是让其他人支配自己的感受，你就必须做出改变。虽然人人都会遇到触景生情的情况，或者是遇到让自己按下触发按钮的人，但在大多数情况下，你应该能够处理生活中遇到的挫折和变故。

一旦你找到了最令你感到不安并将你送回原点的事，接下来就需找出病情复发的早期标志。这些标志可能是你取消了与朋友一起外出的计划，你的睡眠情况发生了变化，或是你的脑海中重新出现了一些不健康的想法。无论如何，请随时留意自己的情况。找出这些标志与找出触发因素一样重要，因为如果你能快速地识别这些标志，就能防止大多数的病情复发。我知道，找出标志并不容易，所以我列举了一些最常见的标志：

1. 睡得太多或难以入睡；
2. 想要独处（拒绝社交、取消计划、关闭手机等）；
3. 总是感到疲惫；
4. 吃得太多或太少；
5. 不想继续接受治疗或加入协助团体（或是根本不去）；
6. 难以专注于治疗；
7. 关于人生和治疗的想法变得更加悲观；
8. 产生采取冲动行为的强烈愿望，或者产生许多冲动的想法。

关注以上这些问题将帮助你明确自己的症状和标志，相信我，每个人都能做出改变。

接下来，你需要加强自我照护。照顾自己之所以重要，是因为照顾好自己可以改变你的生活。腾出时间让自己休息、为自己充电、关心自己，可以为你提供前行所需的力量。我通常喜欢用扑克牌筹码来解释自我照护的重要性。

想象一下，每天早上醒来时，你都拥有8个扑克牌筹码。这就是你在一天中的所有筹码，每当你遇到压力或困难时，就会消耗一些筹码。比如，交通情况非常糟糕，你在上班的途中向3个人按了喇叭，好吧，这就花掉了3个筹码。然后，你的老板告诉你，报告的完成时间提前了一周，你又失去了2个筹码。还没到午餐时间，你就只剩下3个筹码了！

当你的筹码耗尽时，你就会失去自我。你开始哭泣，与他人争吵，重新陷入自己一直试图改变的旧行为模式。所以，尽可能地多花时间进行自我照护，让自己在每天醒来时都能拥有更多的筹码，甚至在一天中收获更多的筹码。然后，你会发现，其实你可以很好地照顾自己。如果你积攒了大量的筹码，当你遇见困难时就能取用一部分筹码，这样你的病情就不会复发。无论你拥有什么愿望，生活中的许多事情都不会如你所愿，所以，你需要做好准备，为自己做一些积极的事。

我的许多观众和患者都无法理解自我照护的含义，所以我为你提供了一些建议，希望这些可以帮助你制订一份自我照护的计划。

1. 早点睡觉，不要熬夜。

2. 多出去走走。

3. 搓搓脚。

4. 享受一次按摩。

5. 小睡一会儿。

6. 与好朋友聚会。

7. 养一只宠物。

8. 将手机关机一小时。

9. 欣赏你最喜欢的音乐和舞蹈。

10. 写日记。

我可以为你列出一份长长的清单，并且列出的事项能达到 100 多条，但我更希望你能自己制订清单。写下你的想法，然后去尝试。重要的是，你必须喜欢这些事项，从事这些活动时你感觉自己充满了活力、创造力和热情。如果你发现情况并不是这样，那就从清单中删除该事项并添加新的项目，继续尝试。

一旦你找到了 5~7 件自己喜欢的事，那么就在每周为这些事腾出时间。我知道大家的生活都很忙碌，但为健康腾出时间是一件值得的事。许多人都勇于尝试健康的食物和运动，那么就将清单上的事项视为保持心理健康的食物和运动吧！

接下来，你需要制订一个安全计划。当你发现了一些复发标志的时候，安全计划将大有帮助。有了安全计划，你就不必在发现异常之后思考该做什么。你可以独立地完成安全计划，也可以寻求治疗师的帮助。

安全计划包含：你需要使用的自我照护工具及其使用时长、紧急联系人的联系方式。解释清楚安全计划的含义并不简单，所以我在后文中直接给出了参考案例。

安全计划

哪些症状或标志是我正在经历的？

____

____

____

我将使用哪些自我照护工具？（至少列出 3 种，每种至少使用 30 分钟。）

____

____

____

我可以给谁打电话或发消息？（至少列出 3 人，并确保随时都可以联系到他们。）

____

____

____

什么时候我才能停止这项安全计划？

____

____

____

最后，寻求帮助。这一点其实适用于所有阶段，但最重要的是，你必须清楚自己可以寻求帮助。你可以给你的治疗师打电话，增加一次额外的预约，或在半夜给鼓励你的朋友发短信。寻求他人的支持可以让你在脆弱的时候继续前行。

我希望本书介绍的技巧和方法能够帮助你，并在你的生活中得到运用。我的信念是：始终抱最好的希望，但做最坏的打算。我相信，只要你做好了充足的准备和计划，也许最坏的事情也会变得不那么糟糕了，或者甚至最坏的事情根本就不会发生。

请相信，我拥有无限的能量和希望！

生活中所有值得拥有的事物都来之不易，康复也不例外，但要记住，无论你在与什么做斗争，你都会战胜它。许多人在谈论精神疾病时，都认为精神疾病无法被治愈，似乎它会一直影响患者的生活。我不同意这个观点。认为精神病患者无法克服困难、无法拥有更美好的未来，这是一种灰暗、消极的生活态度。这种想法没有考虑个人的力量和毅力，而这正是我关注的地方。

改变自己的确很难，有时你会觉得自己向前迈出了一步，但接着又后退了两步。但好消息是，你前往的地方比你去过的任何地方都要好。我总是提醒我的患者和观众，你已经知道了被精神疾病控制是什么感觉，那种感觉非常可怕。治疗方案或许也有些可怕，但你会产生这种感觉可怕的情绪是因为你不熟悉。所以，请相信我，相较于被精神疾病控制，寻求治疗绝对是更好的选择。

我承认自己需要帮助，我想打破禁锢我的围墙。我没有瘫倒在地上，而是挺身站立，尽力阻止事情的崩溃。

我被禁锢自己多年的围墙瓦砾所包围，但我最终承认："这是我的烂摊子，我不够强大，不能独自解决这个问题，请帮助我吧。"

我发现，承认自己的不足和脆弱让我感觉自己比以往任何时候都更强大，但与此同时，我也感到害怕。然而，在恐惧之余，我又感到平静，因为我知道自己不再是孤身一人。我知道，只要我需要，我就可以给朋友打电话。他们会和我一起出去吃饭，也会劝我不要跑步，因为跑步可能导致其他的并发症。

当我照镜子的时候，不安感总是试图抓住我，将我重新拉回到消极的行为中。但一个新的声音出现了，它开始和我说话、和我分享爱。

随着时间的推移，真诚地分享我的情感状态、对抗饮食失调都变得更容易了。我觉得自己不再需要伪装了，我只想做一个真实的、坦诚的人。在这个过程中，我被治愈了。

在自我改善的道路上，有时你会因为治疗的过程过于艰难而想要放弃，但请你务必坚持下去。记住你走上这条道路的初衷，永远不要失去希望。通过努力和坚持，你会知道自己是谁、在你的生命中得到机会和特权的又会是谁。

不要听取消极者的意见，相信自己有能力改变自己的生活。你可以摆脱任何冲动和挣扎，你会成为最好的自己。是的，这个过程充满了艰辛，你时常感觉自己陷入了一场内战，但这场战斗是值得的。你理应成为更好的自己。

结　语

我是如此重要，理应生活得更好

我想让大家知道一点：我并不比你们好。我不知道所有的答案，我也会犯错。但我确信一点：只要有正确的帮助，情况就会变好。这就是我希望你在本书中获取的信息。

我知道，所有的选择都会让人感到难以承受，但请深呼吸，迈出第一步。你永远不会后悔在自己需要的时候寻求了帮助。我自己就不曾后悔。面见治疗师、谈论生活中遇到的问题、获得的新观点将永远是我生活中的一部分。这让我发现了自己喜欢的和想要成为的那部分自我，也让我找到了自己感到羞耻并想要摈弃的那部分自我。

给专业人员一个机会，让他们帮助你做出改变。如此，你所感受到的一切，或是你所经历的一切，都不会压垮你。你是如此重要，你理应生活得更好。

请以你认为合适的方式使用本书，让它作为你本人的康复路线图，或是让它作为一份礼物，送给正在遭受苦难的人。即使你让它在书架上蒙尘，我也毫无怨言；只要你答应我，你不会停止关注心理健康问题。与你最关心的人谈论心理健康话题，或是找一位专业人士，向他倾诉你正在经历的事情。

无论你采取何种方式，都请你继续谈论心理健康话题，因为精神疾病的病耻感只存在于沉默中。让我们共同努力，揭示真相，让关于心理健康的积极对话继续下去。我知道我会继续这样做。

附录 A　术语表

心理健康：指人们在心理、情感上的表现。每个人在每天都有需要关注的心理健康问题。

心理疾病：心理健康的受损程度已经妨碍了正常生活，即表明患上了心理疾病。

焦虑症：最常见的一种心理疾病。也是人类的"战斗或逃跑反应"中的一部分。具体表现为对当前或幻想中的情境过度紧张、不安或担心。焦虑症或许有其触发因素，但人们通常认为焦虑症的发作毫无缘由。

抑郁症：表现为情绪低落，对曾经喜欢的事物丧失兴趣，甚至无法集中注意力或不愿起床。抑郁症患者的症状因人而异，但病情反反复复，影响患者的正常生活。

饮食失调（ED）：对食物过分关注；不停地思考如何获得食物、如何禁食、如何控制饮食等；用食物应对一种无法抗拒的感觉。饮食失调的表现为节食、过度进食以及进食后的补偿行为。

边缘型人格障碍（BPD）：最容易被误解的一种心理疾病，也是一种普遍的（并非发作性的）心理障碍，其表现为被抛弃感、易冲动和人际关系问题。该疾病的患者易受情感冲击，时常对亲近的人大发雷霆。

精神科医生：针对患者的心理健康问题给出正确处方建议的医生。通常他们约见患者的时间只有 15~20 分钟。

心理学家：拥有心理学博士学位的治疗师，依据专业方向（科学研究或临床治疗）可分为哲学博士和心理学博士。该类专业人士会为患者提供各类有效的测试和评估。

精神 - 心理健康高级实践注册护士（PMH-APRN）：获得心理学硕士或博士学位的注册护士。依据其获得的教育水平，该类人士可提供治疗、评估等服务，在（美国）某些州拥有处方权。其向患者提供各类医疗模式和心理学治疗模式。（因各州规定不同，其职业证书上的服务范围亦有不同，请确保你的问题在他们的服务范围内。）

注册婚姻家庭治疗师（LMFT）：获得临床心理学硕士学位的治疗师。主要关注人际关系，帮助患者更好地管理任何让人感到痛苦的关系。

注册临床社会工作者（LCSW）：该类专业人士拥有临床社会工作专业的硕士学位。社会工作者由来已久，他们主要关注并帮助个体更好地适应其所处的环境，即帮助个体获得一份工作，或是确保个体获得了其发展所需的所有政府服务。因为以上职业特点，该类专业人士的工作地点多是各类服务机构和医院。

注册专业临床顾问（LPCC）：心理治疗领域的一种新职位，拥有临床咨询服务专业硕士学位。帮助患者进行危机管理、克服各种成瘾症，帮助患者解决长期困扰。该类专业人士的工作范围最为广泛，其不仅关注患者在某一方面的问题（如人际关系、所处环境等），更善于全方位地关注患者的整体状况。

注册教育心理学家（LEP）：该类专业人士拥有硕士或以上学位，拥有至少 3 年的学校系统工作经验。在完成研究生课程、取得执业证书之前，他们大多是学校辅导员。其执业范围多在教育系统内。其工作内容包括：提供学校障碍测试与评估，对所有影响学生学习能力的心理疾病进行诊断。其职责是确保学生在学校里的个性化需求得到满足和理解。

心理分析：基于"人类由本能和生物驱动力驱动"这一理论的一种长期治疗方法，关注人类潜意识对日常行为的影响。目前该疗法很少被采用。（介绍该疗法是为了让你了解心理治疗的起源。我个人不推荐该疗法。）

谈话治疗（精神疗法）：最全面的心理疗法。其前提是患者能从与专业人士的谈话中获益。谈话疗法是一个概括性的术语，治疗师可使用多种治疗风格。该疗法目的在于帮助患者更好地管理心理问题或心理障碍。

认知行为疗法（CBT）：一种引导性的短期治疗方法。关注患者的想法以及这些想法对行为和感受的影响。其治疗目标是帮患者找出扭曲想法的来源，让患者认识到这些想法的错误性。统计数据显示，该疗法是目前最有效的心理疗法。

辩证行为疗法（DBT）：该疗法建立在认知行为疗法的基础上，能帮助患者更好地调节情绪，进而认识、管理情绪，而不是被情绪操控。多用于治疗边缘型人格障碍患者。

集体疗法：作为个体化疗法的一种补充疗法。让患者学习他人经验，减轻患者孤立感，让患者在小组中练习从一对一心理辅导中学到的各种技能。该疗法关注各类心理问题，也会使用各种疗法。

家庭疗法：与小组疗法类似，是对个体化治疗的重要补充。该疗法的目的在于改善家庭关系，让个体在家庭系统中获得支持。让每一个家庭成员看见自己在家庭功能失调中扮演的角色，所有家庭成员一起做出改变。该疗法的有效性仅次于认知行为疗法。

暴露疗法：治疗恐惧症和因恐惧导致的其他心理疾病的最佳疗法。通过帮助患者建立恐惧等级、了解放松技巧，或是逐步将患者暴露于恐怖情景之中等方式进行治疗。矫正患者对恐惧的认知，从而达到消除恐惧的目的。这是一种短期治疗，通常无须进行回访。

眼动脱敏与再处理（EMDR）：主要用于治疗经历过创伤性事件或其他痛苦事件的患者。该疗法认为，通过引导眼球运动可以为大脑提供一个处理创伤性事件的机会。将注意力集中于创伤性事件上，同时从左向右运动眼球，就能缓解创伤性事件引发的强烈情感。该疗法目前仍处于研究阶段。

艺术与音乐疗法：患者以艺术或音乐为媒介自由表达事件或担忧的一种治疗手法。必须注意的是，该疗法只能由训练有素的执业医师完成。它适用于任何年龄段的患者，也适用于个体化治疗和小组治疗。当患者无法用语言轻松地表达自己的感受时，就可以选择艺术与音乐疗法来讲述自己的经历。该疗法能减轻患者的孤立感，为患者的不愉快经历提供一个健康的发泄出口。

附录B　可用的资源和提醒

一、首次预约时的注意事项

1. 留下你的名字和年龄；

2. 你的心理问题是什么，你与这个问题已经抗争了多久；

3. 付款方式及治疗费用；

4. 你希望预约的时间。

二、如何确定你的心理治疗师是否适合自己

1. 你和他们谈话时感觉自在吗?

2. 你喜欢他们的办公室吗?

3. 即便治疗过程并不容易，你也期待接受治疗吗?

三、糟糕治疗师的标志

1. 治疗师不记得你对他说过的重要事情；

2. 在治疗的大部分时间里，治疗师都在谈论自己的事情；

3. 治疗师不在乎你的痛苦或担忧，你还必须向其证明自己的情况有多糟糕；
4. 治疗师没有保持健康的行为界限，允许你全天 24 小时与其保持联系；
5. 离治疗结束遥遥无期。治疗师没有制订任何治疗目标、治疗方案；
6. 治疗师只告诉你应该做什么，不听取你的问题和想法；
7. 治疗师经常取消预约，让你感觉自己不被重视。

四、理想治疗师的标志

1. 你觉得治疗师在和你并肩战斗，始终支持你；
2. 治疗师耐心地与你沟通你们正在做的事情，也乐于倾听你的想法；
3. 治疗师敦促你进行更多的尝试，鼓励你完成自己过去无法完成的事情；
4. 治疗师为你提供反馈，描述你的感受，并验证你的经历；
5. 治疗师会检查你的进度，保证你正在稳步前进。

五、有助于改善人际关系的沟通技巧

1. **就事论事**：在表明自己的看法时，坚持就事论事，不受主观判断和情绪的支配。这样做也能确保他人认真对待你的看法。
2. **共情思维**：多站在别人的角度思考问题。你能体会别人的感受吗？这并不代表你必须认同他人的想法，而是尽量去理解他人的处事方式。

3. **轮流发言**：为了解决冲突、让他人倾听你的看法，可以采取轮流发言的方式。在我的实践工作中，我会使用一张名为“发言权”的黄色纸片，以此规定每个人的发言时间。每位发言者表达之后，倾听者要反馈他们听到的内容，然后进行下一轮的发言。该方法让每位参与者都有了连续发言和被倾听的时间。
4. **放下评价标准**：贬低他人对推动谈话或改善关系毫无益处。请确保你认真地听取了他人的观点，通过你和对方的共同点建立联系，一起解决冲突。没有人在某件事情上是完全正确的，因此，请敞开胸怀，认真聆听他人的观点。
5. **“自我”陈述**：使用第一人称“我”进行表述，该方法能避免患者将个人感受归咎于他人。如果使用得当，该方法还能帮助患者在不带个人主观判断的前提下分享自己的感受和观点。留意你的说话方式，你会发现我们经常说“你让我……”“我觉得你……”或是“我喜欢你……”，使用这种句式并不一定会有害，但会让你的表达带有评判和指责的意味。
6. **积极提问**：提问可以让你摆脱自己的悲观假设，进而摆脱悲观假设引起的沮丧情绪。请在下结论之前，一定要积极地提问，确保自己已经充分了解了情况。

7. **接受妥协：**如果每个人的标准和需求都是相同的，那这个世界一定会很完美。但这样的事情永远不会发生。与之相反，每个人的计划、预期和心愿都是不同的，因此不要给自己太大的压力。大家一起努力，让每个人都能得到一些自己想要的东西，才能维持一段良好的关系。所以，接受妥协才能快乐、健康地与人相处。

六、最常见的沟通误区

1. **计分：**记录你和伴侣做过或没做过的所有事情。例如，你打扫房间的次数总是比伴侣多，于是你利用这一点向伴侣发起挑战，让他们感到内疚，或促使他们打扫房间。这种做法不利于任何合作关系的建立，因为它将所有事情都附加上了条件，而做这些事的初衷本应是爱和喜欢。
2. **被动攻击：**当你不知如何表达自己的不满时，就会为他人的生活制造一些小难题。通过写日记的方式梳理自己经历过的事情可以帮助你停止上述行为。此外，更直接、更包容地与身边的人交流可以避免低效沟通或沟通失败。
3. **沟通滤镜：**人们总是按照自己对生活的理解行事。人们总会基于过去的经验草率地做出判断，在毫无证据的情况下固执地认为某些事情一定会按照某种方式发生。这些草率的判断时常会制造冲突和不幸。要克服这个问题，你必须了解自己的滤镜，并通过向对方提问澄清疑虑。

4. **永远不要把话说绝了**：人们常常听到这样的话："你总是这样！""你从来不帮我打扫屋子！"极端或绝对化的语言会让你与伴侣的关系变得疏远，指责的语气也会让伴侣感到不快。谨慎使用"总是""从不""不能""讨厌""不会""不可能"等字眼，可以让你改掉说狠话的坏习惯。

5. **吵架并不意味着分手**：每个人都会跟自己在意的人吵架。出现分歧并不表示你们必须分手或离婚。坚持这种想法会让你们的关系失去信任。拥有处理分歧的能力将巩固你与他人的联系，所以，选择互相理解而不是互相争斗。给自己一个机会，让他人走进你的内心，了解你的想法，同时带着爱意去处理分歧。

七、5 个证明你需要帮助的危险标志

1. 发现治疗时间太短，自己无法说出所有的需求，希望增加治疗时间，同时还觉得自己没有取得任何进展。
2. 继续使用不健康的应对方式的意愿越来越强烈。
3. 完全无法表达自己的需求。
4. 对治疗师撒谎，假装自己状态良好，让治疗师认为你已经不需要接受更多的治疗；夸大病情或假装病情恶化，以继续接受治疗。无论是何种情况，不对治疗师或其他治疗人员说实话，就表明你需要对治疗做出调整。

5. 无法处理日常事务。如果你无法处理自己的基本需求（如洗澡、吃饭、工作或学习等），则说明你需要更多的支持。

八、不同的护理等级

1. **门诊治疗**：最低层次的护理，也是大多数患者在寻求帮助后最先采用的方法。患者需每周接受几次心理辅导，然后继续自己的日常生活。门诊治疗要求患者能够承担大部分的生活责任，每周只需获得一些支持和指导。门诊治疗简单易行，患者每周只需花费 1～2 小时，对日常生活的影响非常小。

2. **强化门诊干预项目（IOP）**：如果患者在增加门诊心理辅导的次数后，病情仍无好转，可选择强化门诊干预项目。该护理级别主要针对患者正面临的困难。患者可以一边工作或学习，一边完成治疗。每周需在 3～4 天的时间内完成 10～20 小时的心理辅导，治疗方法包括一对一治疗、小组治疗、会见精神科医生等。

3. **半住院治疗项目（PHP）**：更强化的护理级别，通常在患者接受强化门诊干预项目的同一间诊所中进行。与强化门诊干预项目相似，但强度更大，时间更长。在此阶段，患者需要暂时休学或停止工作。这是患者不用住院便能接受的最高等级的护理，采取全天参与治疗的方式，每周持续 5～7 天。当患者结束高强度的治疗后，可以按照强度递减的原则依次完成以上治疗项目。

4. **寄托治疗：** 如果患者将绝大部分时间都用于治疗，病情依旧没有好转，接下来则需选择寄托治疗。寄托治疗要求患者入住治疗机构。通过小组疗法、个体化疗法和其他必要的医学检查满足患者的所有治疗需求。该等级的治疗意味着患者既不会对自己或他人构成威胁，也无法对自己的康复做出积极选择，因此需要全天候的支持。
5. **住院治疗：** 如果患者对自己或他人构成了威胁，就需要选择住院治疗。让患者住在一间封闭式管理的治疗机构可以避免伤害事件的发生，而且患者能随时获得专业帮助。如果患者不愿接受治疗，或是试图逃离医院，住院治疗也是更好的选择。因为大多数医院在患者入住以后会禁止患者离开，直至患者完成治疗。如果疾病已对患者的生理健康造成了危害，也应该选择住院治疗，因为住院治疗能让患者得到全天候的看护，并得到相应的心理辅导。

九、如何预防复发

1. **找出触发因素：** 思考是什么触发了你的不良情绪并让你想重拾过去不健康的应对习惯。你可以回顾病情第一次发作时的场景。为了更好地管理不良情绪，你必须找出导致情绪低落的触发因素。
2. **明确复发症状：** 复发时你会出现什么症状？例如睡眠习惯、

饮食习惯改变，对自己或周围人的负面评价增加等。无论症状是什么，将这种改变记录下来，并关注自己的情绪感受。尽早地发现症状会让你有充足的时间采取缓解措施。

3. **提升自我照护**：照顾自己，满足自己的需求可以让患者更有耐心和精力，从而有助于患者战胜各种复发因素。每天留出足够的时间关心自己。自我照护并不复杂，例如散步、洗澡、好好吃饭等。照顾好自己能让脑海中不健康的想法越变越少。每个人都完全有能力照顾好自己。
4. **制订安全计划**：你可以独自完成安全计划，也可以请求治疗师的帮助。你应该在自己感觉良好时制订一份安全计划。这份计划包括提示信息（提示你写下正在经历的各种症状）；自我照护的工具及其使用时长；支持人员列表（可以向他们求助）；结束安全计划的时间及标志。当你想屈服于自己的冲动或认为病情要复发时，就可以使用这份安全计划。
5. **寻求帮助**：你必须清楚你可以寻求帮助。当你需要他人帮助的时候，你应该得到支持和帮助，不要犹豫！越迅速地求助，复发的概率就越小。

参考文献

第 1 章　拨开心上的乌云

1.National Institute of Mental Health, “Any Mental Illness (AMI) Among Adults,” https://www.nimh.nih.gov/health/statistics/mental-illness .shtml.

2.Ibid.

3.National Institute of Mental Health, “Anxiety Disorders,” March 2016,https://www.nimh.nih.gov/health/topics/anxiety-disorders/index.shtml.

4. Anxiety and Depression Association of America, “Facts & Statistics,” August 2016, https://adaa.org/about-adaa/press-room/facts-statistic.

第 3 章　及时将“刺”拔出来

1.National Alliance on Mental Illness, “Mental Health by the Numbers,” October 2016, https://www.nami.org/learn-more/mental-health-by-the-numbers.

2.RIKEN, “Why Do Babies Calm Down When They Are Carried?,” April 19, 2013, http://www.riken.jp/en/pr/press/2013/20130419_2/.

3.Mental Health America, “The State of Mental Health in America,” 2017, http://www.mentalhealthamerica.net/issues/state-mental-health -america.

第 4 章　找寻适合且信赖的“向导”

1.American Psychiatric Nurses Association, Psychiatric-Mental Health Nurses, May 2014, https://www.apna.org/i4a/pages/index.cfm?pageid=3292#3.

2.University of Southern California, “9 Most Influential Women in the History of Social Work,” March 13, 2014, https://msw.usc.edu/mswusc -blog/9-most-influential-women-in-the-history-of-social-work/.

3.California Board of Behavioral Sciences, “Licensed Professional Clinical Counselor Information,” 2016, http://www.bbs.ca.gov/applicants/lpcc.html.

第 5 章　做正确的决定，从实际出发

1.Gerry Grossman Seminars, Counseling Theory in a Flash, March 2009, https://gerrygrossman.com/mall/products.php?cat=9&SKU=GGS0008.

2.Matthew McKay, Jeffrey C. Wood, and Jeffrey Brantley, *The Dialectical Behavior Therapy Skills Workbook* (Oakland, CA: New Harbinger, 2007).

3.American Psychological Association, “Procedures and Guidelines for Group Therapy,” April 2011, http://www.apadivisions.org/division-49 / publications/newsletter/group-psychologist/2011/04/group-procedures .aspx.

4.INSERM Collective Expertise Centre, “Psychotherapy: Three Approaches Evaluated,” 2000, https://www.ncbi.nlm.nih.gov/books/NBK7123/.

5.American Psychological Association, “What Is Exposure Therapy?,” February 2017, http://www.apa.org/ptsd-guideline/patients-and-families/exposure-therapy.aspx.

6.EMDR Institute, “Efficacy of EMDR,” 2013, http://www.emdr.com/efficacy/.

7.American Music Therapy Association, “What Is Music Therapy?,” 2015, https://www.musictherapy.org/about/musictherapy/.

8.American Art Therapy Association, “What Is Art Therapy?,” 2013, https://arttherapy.org/about-art-therapy/.

第 7 章　在安全感中重新认识自我

1. Simply Psychology, *John Bowlby's Attachment Theory,* 2007, https://www.simplypsychology.org/attachment.html.

2. Bretherton, *The Origins of Attachment Theory: John Bowlby and Mary Ainsworth,* 1992, http://cmapspublic2.ihmc.us/rid=1LQX400NM-RBVKH9-1KL6/the%20origins%20of%20attachment%20theory%20 john%20bowlby%20and_mary_ainsworth.pdf.

第 8 章　一段糟糕的关系，并不意味更多

1.*Lenore Walker, The Battered Woman* (New York: Harper and Row,1979).

第 9 章　有效沟通是建立信任的关键

1.Howard J. Markman, Scott M. Stanley, and Susan L. Blumberg, *Fighting for Your Marriage* (San Francisco: Jossey-Bass, 2001), 110–111.